천연조미료와 저염식으로 만드는

스마트 어린이 식단

IMK information and Management Korea

크라운출판사
http://www.crownbook.com

간단하게 매일 할 수 있는 건강한 어린이 식단

얼마 전에 TV의 한 프로그램에서 화학 첨가물의 유해성에 대해 알아보는 방송을 우연히 보았습니다. 아침은 콘프레이크와 우유, 점심은 삼각 김밥과 컵라면, 저녁은 편의점 도시락, 간식으로는 초콜릿 우유와 탄산음료 2캔을 먹었을 때 50여종의 식품 첨가물을 섭취한다는 놀라운 사실을 알게 되었습니다.
우리 주변에 너무도 많은 가공식품과 패스트푸드들…!!

우리가 의식하지 못하는 사이에 몸속에 축적되고 있는 식품 첨가물과 식품 첨가물이 다른 요소와 결합하여 생기는 복합오염은 헤아릴 수도 없이 많으나 대부분은 잘 모르고 지나가고 있습니다.
어릴 때 부모님께 자주 들었던 말이 '골고루 먹어라, 그래야 건강하다' 였습니다. 지금도 아픈데 없이 건강함을 유지하는 것은 제철에 나는 재료로 세끼 식사와 간식까지 손수 만들어 주시던 어머니 덕분이라고 생각합니다.

어린 시절에 형성된 좋은 식습관이 나중에 성인이 된 후 건강에 많은 영향을 준다는 것은 누구나 알고 있습니다. 병이 생긴 후에 몸에 좋은 자연 식품을 찾아 먹기보다는 건강할 때 신경을 써서 천연조미료, 장류, 양념을 만들어 놓고 제철에 나는 싱싱한 재료에 천연 양념을 넣어 건강밥상을 만들어보면 어떨까요?
이 책에는 모두가 궁금해 하는 천연조미료 등을 만드는 방법과 보관법을 상세하게 수록하였으며 이것들을 어떤 음식에 어떻게 사용하는지 직접 레시피를 만들어 알려주고 있습니다. 또한 일반간장(염도 15~18%) 사용량과 동일한 양의 맛간장(염도 8~9%)을 사용하여 염도를 낮추었습니다.

이 책은 어린이집에서 요리를 하시는 분들과 아이들의 건강에 관심이 많은 주부님들이 꼭 보셨으면 합니다. 최대한 가공식품은 쓰지 않고 천연의 재료를 살려서 보다 쉬운 방법으로 만들 수 있는 요리를 담도록 노력하였습니다. 그리고 가정이나 어린이집에서 많은 양의 음식을 쉽게 만들 수 있도록 4인분 기준의 레시피와 50인분의 레시피를 함께 담았습니다.
4인분의 레시피는 가정에서 가족들의 건강하고 맛있는 밥상을 차리는데 사용하시고, 50인분의 레시피는 어린이집에서 아이들에게 건강하고 맛있는 음식을 만드는데 사용하시기를 바랍니다.

이 책에 나오는 레시피대로 건강한 요리를 만들어 우리 아이들에게 꼭 맛있는 밥상을 차려주시기를 바라며 이 책이 발행되게 도움을 주신 크라운출판사 이상원 회장님과 기획편집부 임직원 여러분께 감사의 말씀을 전합니다.

저자 씀

3

Contents

5

Part 3

건강한 간식거리 만들기

🍴 요리를 시작하기 전에

1. 식품 단위량과 목측량

목측량은 눈으로 확인하는 식품의 양으로 식단 작성 시 1인분 양과 각 음식에 들어가는 식품량 확인에 필요한 부분이다. 우리나라에서 음식을 만들 때 주로 사용하는 단위는, 길이는 cm, 무게는 g, 부피는 cc(mL와 동일)이다. 그리고 이와 함께 컵(C), 테이블스푼(Ts), 티스푼(ts)도 사용합니다. 이 책에서는 단위를 통일하기 위해 큰술, 작은술을 사용하였다.

• 계량 기구와 단위량

🔲	저울	일반적으로 중량을 재는데 사용되며, 정확한 계량을 위해서는 전자저울을 사용한다.
🥤	계량컵	부피를 측정하는데 사용되며, 200mL가 기본 1컵이다.
🥄	계량스푼	조미료의 부피를 측정하는 것으로 1큰술(15cc), 1작은술(5cc), ½작은술 등이 있다.
🌡	온도계	조리 온도를 측정한다. 보통은 막대온도계로 측정을 하지만 100℃ 이하의 온도는 알코올 온도계를 사용하고, 그 이상의 높은 온도를 잴 때는 수은 온도계가 적당하다.
🕐	기타 기구	타이머, 염도계 등이 있다. 식품은 부피보다 무게로 측정하고, 조미료는 부피로 측정하나 큰 단위일 때는 무게로 측정한다.

• 식품 무게와 폐기량

폐기량과 오차율	폐기량(g) = 전체무게(g) − 다듬은 무게(가식부량) 폐기율(%) = 폐기량/전체무게×100 오차율(%) = 실제무게 − 목측량/실제무게×100

식품의 무게(1인 1회 분량)를 어느 정도 되는지 눈여겨 보고 채소류는 데친 후에도 봐야 한다.

구분	재료	단위	무게	비고
육류 및 가금류	쇠고기(다진 것)	1컵	200g	
	돼지고기(다진 것)	1컵	200g	
	닭	1마리	1~1.2kg	삼계탕용 1마리 300~500g
어패류	조기	1마리	400g	
	도미	1마리	900~1000g	
	갈치	1마리	450g	
	고등어	1마리	800g	
	자반고등어	1마리	550g	
	낙지	1마리	140g	
	오징어	1마리	250g	
	꽃게	1마리	300g	
	깐새우살	1컵	200g	
	대하(껍질)	1마리	100g	
	중하(껍질)	1마리	30g	
	전복(껍질)	1마리	100g	
	깐소라살	1개	50g	
	굴	1컵	200g	
	마른 멸치	1컵	50g	
	마른새우	1컵	70g	
곡류 및 가루	쌀	1컵	180g	
	찹쌀	1컵	160g	
	보리쌀	1컵	180g	
	밀가루	1컵	105g	
	쌀가루	1컵	100g	
	콩	1컵	160g	
	녹두	1컵	170g	
	참깨	1컵	120g	
	검은깨	1컵	110g	
	들깨	1컵	110g	
	엿기름가루	1컵	115g	
	거피 팥고물	1컵	114g	
	볶은 팥고물	1컵	108g	

재료	목측량(g)	전체 무게(g)	폐기량(g)	폐기율(%)	오차율(%)
감자	50	197	18	9.13	74.61
당근	80	168	18.5	11	52.38
양파	40	118	3.5	2.9	66.1
시금치	100	255.5	36.5	14.28	60.86
달걀	40	63	8.5	13.49	36.5
무	2000	2041.5	132.5	6.49	2.03
오이	150	282	6	2.12	46.8
사과	100	291	39	13.4	65.64
바나나	80	201.5	81.5	40.44	60.3
두부	200	400	0	0	50
콩나물	150	312.5	31	9.92	52
조개	20	15	14	93.34	33.3
고등어	150	313.5	104	33.17	52.15

염도 · 당도표

양념명	내용	양념명	내용
청장(국간장)	염도 24%	꿀	당도 76Brix
간장(진간장)	염도 16%	물엿	당도 74Brix
맛간장	염도 8~9%	식초	총산 6.0~7.0
고추장	염도 7%, 당도 45Brix	멸치액젓	염도 22±2%
된장	염도 11%	새우젓	염도 5.0%
고춧가루	캡사이신 42.3mg%	황석어젓	염도 5.0%
소금	NaCl 80%이상		

🍴 recipe기준 요령

1. 어린이집, 유치원 50인분의 경우

어른 1인의 양은 1~2세는 4~5인분, 3~4세는 3인분, 5~7세는 2인분

2. 4인분의 경우

어른 4인 기준의 양으로,

어린이 1인의 양은 1~2세는 16~20인분, 3~4세는 12~16인분, 5~7세는 8인분

지역이나 연령, 식성에 따라서 분량이 달라지므로 어린이집이나 유치원, 학교에서 사용 시 참고하여 발주와 조리를 하면 좋습니다.

Part
1

천연조미료 만들기

천연조미료(양념류)

새우가루

재　　료　새우 200g, 청주 4큰술
이용방법　각종 찌개, 나물무침, 해물스파게티, 해물요리, 전골요리에 넣으면 감칠
　　　　　맛이 난다.
효　　능　마른새우는 100g당 칼슘 2300mg이 들어 있는 우수한 칼슘 보급원이다.
　　　　　새우가루는 단백질과 인, 요오드, 철분, 비타민 등이 풍부해서 깊은 맛을
　　　　　내는 데 좋다.

 만드는방법　새우 200g을 다리와 수염을 떼어내고 마른 팬 가장자리에 청주 4큰술을 둘러 준 다음 비린
내를 제거하기 위해 볶아 준 후 식혀서 곱게 갈아서 체에 내린다.

멸치가루

재　　료　멸치 200g, 청주 2큰술
이용방법　국이나 조림요리, 찜, 김치, 각종 찌개에 활용하면 좋다.
효　　능　인체의 골격 형성에 도움을 주며 세포조직을 구성하는 칼슘, 인, 철 등의
　　　　　무기질이 풍부하다

 만드는방법　머리와 내장을 제거하여 마른 팬에 볶다가 청주를 넣고 볶아 수분과 비린내를 제거하기 위해
볶아 준 후 식혀서 곱게 갈아서 체에 내린다.

북어가루

재　　료　북어 200g, 청주 1큰술
이용방법　북어가루는 국, 찌개, 전골, 볶음요리, 국물요리에 넣으면 따로 육수를 낼
　　　　　필요가 없어 간편하다.
효　　능　단백질과 지방, 당질이 많고 비타민B 함량도 일반 채소의 2배나 된다. 특
　　　　　히 마른 표고버섯은 햇볕에 넣어두면 비타민D가 생성되어 체내 칼슘 섭취
　　　　　에도 도움이 된다.

　북어는 껍질과 뼈를 제거하고 살만 발라내어 2~3cm 크기로 잘라서 비린내를 제거하기 위
해 청주를 넣고 볶아준 후 식혀서 곱게 갈아서 체에 내린다.

표고버섯 가루

재　　료　표고버섯 1kg
이용방법　특유의 진한 맛과 향이 잘 우러나므로 찌개, 국, 전골 등에 두루 넣으면
　　　　　좋다.
효　　능　단백질과 지방, 당질이 많고 비타민B 함량도 일반 채소의 2배나 된다. 특
　　　　　히 마른 표고버섯은 햇볕에 넣어두면 비타민D가 생성되어 체내 칼슘 섭취
　　　　　에도 도움이 된다.

　❶ 생 표고는 씻어서 수분을 제거한 다음 기둥을 떼어내고 얇게 썰어서 햇볕에 말린다.
　　(기둥은 데쳐서 찢어 다른 채소와 볶거나 찌개, 국 등에 넣는다).
❷ 마른 팬에 바짝 굽거나 오븐에 넣어 건조시켜서 분쇄기에 넣고 곱게 갈아서 체에 내린다.

 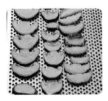  

다시마가루

재　　료 다시마 200g

이용방법 탕, 나물무침, 조림 등을 만들 때 조금씩 넣으면 감칠맛과 깊은 맛을 더한다. 단, 짠 맛이 강하므로 넣을 때 주의해야 한다.

효　　능 단백질의 주성분인 글루타민산이 감칠맛을 내고 비타민A, 요오드, 미네랄과 섬유질이 풍부하여 변비를 해소하고 숙변을 제거한다. 당뇨, 갑상선 질환을 예방하며 변비에 도움을 주고 탈모, 비만을 저하시킨다.

 젖은 행주로 다시마 표면의 염분과 이물질을 닦아내고 마른 팬에 볶아 준 후 식혀서 곱게 갈아서 체에 내린다.

Tip 볶지 않고 사용하면 국물이 담백하지 않다.

홍합가루

재　　료 건홍합 200g

이용방법 해물을 활용해서 맛을 내는 국물요리나 각종 채소무침, 스파게티, 피자, 된장찌개, 해물찜, 전골, 달걀찜 등을 만들 때 넣으면 맛이 좋다.

효　　능 비타민과 칼슘, 철분, 단백질이 풍부하고 몸속에 유해산소를 제거한다. 특히 기억력과 두뇌 발달에 좋다.

 말린 홍합을 물에 깨끗이 씻어서 채반에 펴놓고 햇볕에 충분히 말려서 비린내를 제거하기 위해 볶아 준 후 식혀서 곱게 갈아서 체에 내린다.

들깨가루

재　　료　들깨 200g

이용방법　나물무침이나 볶음, 전골, 추어탕, 감자탕, 찌개, 샐러드 드레싱과도 잘 어울린다.

효　　능　불포화지방산, 비타민A, E 등이 풍부한 들깨는 콜레스테롤 수치를 낮추고 혈관의 노화를 예방한다. 특히 기억력과 두뇌 발달에 좋다. 불용성 식이섬유 소를 함유하고 있어서 발암물질을 만나면 결합물질을 통해서 들깨 내의 플라 보노이드가 발암물질에 의한 돌연변이성을 현저히 낮게 한다.

 들깨는 물에 깨끗이 헹군 뒤 마른 팬에 볶아 식혀서 분쇄기에 넣고 갈거 나 절구에 빻는다. 들깨는 방앗간에서 거피하여 갈아서 쓰는 것이 편리 하다.

땅콩가루

재　　료　생땅콩 400g

이용방법　나물무침, 찜요리, 샐러드 등에 사용한다.

효　　능　땅콩은 약 25% 단백질을 함유하고 있으나, 땅콩가루는 약 50% 가량의 단 백질을 갖고 있다. 이러한 차이는 구운 땅콩에서 지질유를 기계적으로 제거 하는 과정에서 상대적으로 남게 되는 다른 땅콩 성분들이 더 풍부해지기 때 문이다. 따라서 그 결과물인 가루는 자연히 저지방 고단백질이게 되고 상대 적으로 저탄수화물이 된다.

 땅콩을 씻어서 수분을 제거한 다음 마른팬에 비린내가 나지 않을 정도로 볶아준 다음 식혀서 곱게 갈아서 체에 내린다. 너무 오래 볶으면 덩어리가 지고 잘 갈리지 않는다.

Tip 모든 천연조미료가루는 병에 담아 만든 재료명, 만든 날짜를 표시하여 냉장고(3개월 이내) 또는 냉동실(6개월 이내)에 보관하여 사용하는 것이 좋다. 새우가루, 멸치가루, 북어가루, 다시마가루, 홍합가루는 자체에 염분이 있어 간을 맞출때 짜지 않도록 주의 한다. 견과류는 단체급식에서 알레르기 반응이 있을 수 있으므로 주의한다.(특히, 생후 12개월 전에는 사용하지 않도록 한다)

🍴 장류

간장과 된장

 재료 메주 1말(8kg), 소금 5kg, 물 30L, 항아리 50L(2말 반)

 만드는 방법

① 메주를 흐르는 물에 솔로 문질러 씻고 햇볕에 잘 말려 놓는다.

② 장독 항아리는 깨끗이 씻어 소독하여 준다.

③ 생수에 소금을 녹여 염도에 맞게 소금물을 만들어 거즈에 거른다. 소금물 염도는 18도 (남쪽은 21~22도)로 맞추어 놓는다. 염도계가 없으면 달걀을 소금물에 동동 띄워 윗부분이 1월(음력)에는 500원짜리 동전만큼 뜨면 되고 2월에는 10원짜리 동전만큼 뜨게 염도를 맞춘다.

④ 소금물과 메주의 비율은 간장을 많이 얻으려면 소금물을 많이 붓고, 된장을 맛있게 먹으려면 소금물을 조금 넣으면 된다.

⑤ 소금물을 만드는 것은 메주 만들기 만큼이나 중요하다. 너무 싱겁게 되면 숙성과정이나 제품보관 중에 상할 우려가 있고 너무 짜도 맛이 없게 된다.
- 된장의 비율 – 메주1 : 물4 : 소금1
- 간장 많이 내지 않는 된장 – 메주1 : 물 메주의 2.5배 : 소금 물의 25%
  (예시 – 메주 4kg : 물 10kg : 소금 2.5kg)
  즉, 간장의 양과 무관하게 물의 비율에 따라 소금의 양을 맞추면 된다.

⑥ 항아리에 메주를 쌓고 소금물을 항아리 가득 붓는다. 수면 위로 나온 메주의 겉면에 소금을 한 줌씩 뿌려준다. 그 위에 숯(참숯에 불을 피워서), 대추, 빨간 건고추를 넣는다.

⑦ 소금을 뿌리는 것은 노출된 메주의 표면에 잡균이 붙지 못하도록 하는 것이며, 숯덩이는 잡균을 흡착시키는 작용을 하고, 붉은 건고추는 살균을 위한 것이다.

⑧ 30~60일 정도 숙성시킨 후 메주와 소금물(간장)을 체에 밭쳐 분리한다. 이것(간장)이 분리된 메주가 된장이다. 이 때 노란 삶은콩 2되와 찹쌀죽 2컵을 넣어 소금 200g(1컵)을 버무려 넣고 위에 소금을 1컵 뿌리면 맛이 더욱 좋다.

⑨ 항아리 입구를 망사로 씌워 이물질이 들어가지 않게 한 다음 햇볕이 좋은 날에 볕을 쪼이면서 숙성시킨다.

⑩ 햇 된장은 60일 정도 지난 후에 먹는데 1년 정도 묵은 된장이 더 깊은 맛이 난다.

> **Tip**
> 1. 된장에 매실을 2컵 정도 갈아 넣거나 매실 발효액를 2컵 넣어도 좋다.
> 2. 항아리에 가득차야 햇볕을 많이 받을 수 있고 장의 변질을 막을 수 있다.
> 3. 3월이 지나면 소금을 1되 정도 더 넣는다.

찹쌀고추장

 재료
고춧가루 3kg, 찹쌀가루 1.5kg, 메주가루 1.5kg, 소금 1.5kg, 조청 2kg, 매실 발효액 2kg
엿기름 1kg, 물 10L

 만드는 방법

❶ 엿기름을 물에 1~2시간 불려 체에 내린다.

❷ ❶에 찹쌀가루를 넣고 보온밥솥에 하루저녁(12시간) 삭힌다.

❸ ❷를 냄비 또는 솥에 넣고 저어가면서 ⅓로 졸여질 때까지 끓인다.

❹ ❸을 40℃로 식힌 다음 메줏가루를 넣고 잘 풀어준다.

❺ ❹에 매실과 조청을 넣고 혼합한 다음 고춧가루를 넣고 소금을 넣어 골고루 저어준다.

❻ 하루 지나면 다시 농도와 간을 보고 항아리에 담는다.

 Tip　1. 메주를 뜨거울 때 넣으면 효모가 죽고 찰 때 넣으면 메주 냄새가 난다.

2. 매실 발효액을 많이 넣으면 신맛이 난다.

3. 농도를 조청으로 맞춘다.

4. 찹쌀가루와 엿기름 삭힌 것을 오래 끓여야 변질을 막을 수 있다.

맛간장

재료

진간장 1.8L, 생강 20g, 마늘 30g, 통후추 1큰술, 다시마 10cm 2장, 양파 200g, 당근 50g, 설탕 800g, 청주 2컵, 조청 ½컵, 사과 1개, 레몬 1개, 건고추 5개, 감초 2쪽, 대추 10개, 표고 3장

만드는 방법

❶ 생강, 마늘, 양파, 당근을 얇게 썰어 놓는다.

❷ 대추는 칼집을 넣고 말린 표고는 얇게 썰어 놓는다.

❸ ❶, ❷에 감초, 건고추, 통후추, 다시마를 씻어 물 4컵을 넣고 끓여서 1컵의 육수가 되면 체에 내린다.

❹ ❸에 간장을 넣고 센 불에서 끓인 다음 중불에서 끓인다.

❺ ❹에 설탕, 조청, 청주를 넣고 끓으면 거품을 걷어내고 넘치지 않게 끓이다가 3~5분 후에 불을 끄고 깨끗이 씻은 사과와 레몬을 얇게 썰어서 넣고, 24시간 후에 체에 내려 병에 담아 냉장 보관한다.

> **Tip** 일반간장 염도는 15~18%, 맛간장은 8~9%이므로 일반간장 1큰술이면 맛간장 1.5~1.7큰술을 넣어야 염도가 같아지므로, 맛간장을 일반간장과 동량으로 사용하면 저염요리가 된다.

[집간장으로 맛간장 만들기]

재료 조선간장 1.8L, 생수 1L, 양파 3개, 다시마 70g, 표고 100g, 서리태 160g, 멸치 70g, 건고추 30g, 건새우 70g, 대파 3뿌리, 북어 70g, 생강 20g, 마늘 40g, 청주 ¾컵, 사과 ½개, 배 ½개, 조청 또는 꿀

만드는 방법

❶ 사과, 배를 4등분하여 썰어 놓는다.

❷ 양파, 생강, 마늘을 손질하여 얇게 썰어 놓는다.

❸ 간장을 제외하고 물을 넣고 끓이다가 반으로 조려지면 체에 내린다.

❹ ❸에 간장을 넣고 한번 더 끓여서 조청 또는 꿀로 당도를 맞춘다.

Tip 조청이나 꿀을 넣지 않으면 국간장으로 사용할 수 있다.

맛기름

 재료

[재료 1] 건고추 2개, 양파 ½개, 대파 1뿌리, 마늘 10쪽, 생강 2쪽, 깻잎 5장, 사과 ½개, 진피 1개,
　　　　새송이버섯 1개, 카놀라유 700cc

[재료 2] 식용유 700cc, 마늘 10쪽, 건고추 2개, 양파 ½개, 생강 2쪽, 대파 1뿌리

 만드는 방법

❶ 건고추는 씨를 제거하고 모든 재료는 얇게 채 썰어 놓는다.

❷ 기름 700cc에 재료를 넣고 센 불에서 끓이다가 기포가 보글보글 생기면 약한 불로 줄여
　 은근한 불에서 끓여 준다.

❸ ❷의 끓이는 시간은 채소 건조 상태에 따라 조절해야 하고 재료가 약간 갈색이 되면 불을
　 꺼준다.

❹ 남아있는 열기로 기름을 식혀준다.

❺ ❹를 부직포나 커피 여과지에 걸러준다.

❻ 색깔이 있는 병에 넣어 냉장고에 보관한다.

 Tip

1. 진피는 가능한 직접 만들어 사용하는 것이 좋다(귤껍질의 농약을 제거하기 위하여 고운소금으로 상처 나지 않게 씻은
　 다음 식초 4~5방울을 넣고 살살 문지른 후 씻어 건조 시킨다).
2. 끓이는 중간에 채소를 뒤적이면 화상을 입을 수 있으므로 주의한다.
3. 건조채소를 사용하면 시간이 단축되고 맑고 깨끗하다.
4. 기름이 뿌옇게 될 경우 다시 불을 세게 가열해 주면 없어진다.
5. 수분을 날려 주어야 맑고 깨끗한 기름이 만들어진다.
6. 약불에서 은근하게 끓여야 좋다.
7. 색깔이 있는 병에 넣어 냉장고에 보관한다(1~2개월 이내에 사용하도록 한다).

파기름

 재료

대파 5뿌리, 식용유 700cc

 만드는
방법

❶ 파를 씻어 수분을 제거한다.
❷ 팬에 파를 넣고 식용유를 2배로 넣고 파가 노릇노릇해질 때까지 끓이다가 식으면 체에 내린다.

조청

 재료

쌀 2kg, 엿기름 300g, 물 6L

 만드는
방법

❶ 쌀을 깨끗이 씻어서 30분 정도 불린다.
❷ 전기밥솥에 불린 쌀과 물을 동량으로 넣고 밥을 짓는다.
❸ 엿기름에 물 6L를 넣고 혼합하여 밥솥에 붓고 밥알이 알알이 떨어질 때까지 저어준 다음
   12시간 정도 보온으로 삭힌다.
❹ ❸을 면 자루에 넣고 짜거나 체에 내린다.
❺ ❹를 고운체에 받쳐 냄비에 넣고 농도가 맞을 때까지 졸인다.

 Tip
1. 엿기름 양은 엿기름 발아상태에 따라 쌀 양의
   1/10~1/5이 될 수 있다.
2. 조청의 양은 삭힌 상태에 따라 달라질 수 있다.
   (완성된 조청은 약 1~2kg정도이다).
3. 더 오래 끓이면 쌀엿이 된다.
4. 그릇에 담아 냉장 보관한다.

천연케첩

 재료

토마토 1.5kg, 양파 150g, 파프리카(빨강) 2개, 마늘 20g, 월계수잎 2장, 레몬 1개, 소금 5g,
닭육수 1컵, 맛기름 30g, 적포도주 100cc, 앵두발효액(설탕 40g) 100cc, 녹말가루 15g

 만드는 방법

❶ 토마토는 깨끗이 씻어서 칼집을 넣은 다음 끓는 물에 데친 후 껍질과 씨를 제거하여 다진다.(파프리카를 구워서 씨와 껍질를 벗겨내고 다진다.)

❷ 양파와 마늘을 다진다.

❸ 팬에 맛기름을 넣고 마늘, 양파를 투명할 때까지 충분히 볶은 다음 육수를 붓고 월계수잎을 넣어 국물이 없어질 때까지 졸인다.

❹ ❸에 ❶을 넣고 10분간 끓인다.

❺ ❹에서 월계수 잎을 건져내고 믹서기(블레인더)에 곱게 간다.

❻ ❺를 팬에 넣고 적포도주, 앵두발효액, 레몬즙, 소금을 넣고 10분간 끓인다.

❼ 녹말가루와 물을 동량으로 넣고 혼합하여 ❻에 조금씩 넣어가며 졸인다.

 Tip
1. 육수가 없을 경우 물을 사용하고 토마토, 양파를 적당히 다진다.
2. 토마토 씨를 제거하지 않으면 텁텁하고 식감이 좋지 않다.
3. 앵두발효액 또는 비트발효액를 넣어 주면 색이 진하고 예쁘다.
4. 토마토를 육수와 같이 넣으면 끓이는 시간이 길어지고 색이 어두워진다.
5. 그릇에 담아 냉장고에서 1개월 또는 냉동실에서 6개월 보관할 수 있다.

발효액

사과 발효액

 재료　사과 750g, 설탕 650g, 식초 ½컵

 Tip　샐러드, 양념장, 김치를 만들 때 사용한다.

만드는 방법

❶ 사과는 식초를 넣은 물로 깨끗이 씻어서 물기와 씨를 제거하여 얇게 썬 다음 설탕 350g에 버무려서 항아리에 담는다.

❷ ❶에 설탕 300g을 얹어 준다.

❸ 하루가 지난 다음 설탕이 녹기 시작하면 가라앉은 설탕이 완전히 녹을 때까지 매일 한번씩 저어 준다.

❹ ❸이 숙성 될 때까지 2~3일에 한번 정도 저어 준다.

❺ 100일 후 체에 내려 보관한다.

살구발효액

 재료　살구 750g, 설탕 600g, 식초 ½컵

만드는 방법

❶ 살구는 손질하여 식초를 희석한 물에 20분 가량 담갔다가 깨끗이 씻어서 면포로 물기를 제거 후 씨를 제거한다.

❷ 소독한 용기에 ❶을 넣고 위에 설탕을 넣어 덮어준다.

❸ ❷에 살구가 표면으로 나오지 않도록 설탕으로 덮어준다.

❹ 설탕이 녹기 시작하면 하루에 한번 씩 설탕이 녹을 때까지 저어 준다.

❺ 숙성될 때까지 2~3일에 1번씩 저어준다.

❻ 100일 후에 걸러서 보관한다.

Tip　1. 살구의 과육이 보이지 않도록 설탕으로 덮어주어야 무르거나 곰팡이가 생기지 않는다.

2. 육류나 생선을 양념할 때 사용하면 냄새 제거도 되고, 깊은 맛도 있다.

복숭아 발효액

 재료   복숭아 1kg, 설탕 700g

 만드는 방법

❶ 복숭아는 물로 깨끗이 씻어서 물기를 제거하고 8등분하여 씨를 제거한 다음 설탕 400g에 버무려서 항아리에 담는다.

❷ ❶에 설탕 300g을 얹어 준다.

❸ 하루가 지난 다음 설탕이 녹기 시작하면 가라앉은 설탕이 완전히 녹을 때까지 매일 한번 씩 저어 준다.

❹ ❸이 숙성 될 때까지 2~3일에 한번 정도 저어 준다.

❺ 100일 후 과육은 건져내고 체에 내려 보관한다.

❻ ❺의 과육은 샐러드에 넣거나 갈아서 소스 만들 때 이용한다.

> **Tip**   1. 복숭아의 과육이 보이지 않도록 설탕으로 덮어주어야 무르거나 골마지가 생기지 않는다.
> 2. 각종 소스나 양념장을 만들 때 사용한다.
> 3. 사과, 살구, 복숭아 발효액은 실온에 보관하여도 된다.

 # 육수

다시마국물

 재료   다시마 5cm×5cm 8장, 물 8컵

 만드는 방법

❶ 다시마를 젖은 면포로 살짝 닦아 준다.

❷ 다시마에 가위집을 넣어 준다.

❸ 찬물에 ❷를 1시간 정도 담가 두었다가 불에 올려 끓기 시작하면 다시마를 건져내고 불을 끈 다음 면포에 걸러 준다.

> **Tip**   다시마에 칼집을 넣어 주면 국물이 잘 우러나고, 오래 끓이면 맛이 떨어진다.

멸치 다시마 국물

 재료　멸치 40g, 물 10컵, 다시마 5cm×5cm 4장

 **만드는
방법**

❶ 멸치의 내장을 제거하여 팬에 기름 없이 살짝 볶아 비린 맛을 제거한다.
❷ 다시마는 젖은 면포로 닦아서 가위집을 넣어준다.
❸ 냄비에 물, 손질한 멸치, 다시마를 넣고 1시간 정도 담가 둔다.
❹ ❸을 중불에서 뚜껑을 열고 끓으면 다시마를 건져 내고 5분간 더 끓인 후 면포에 걸러 준다.

 Tip
1. 너무 센 불에서 끓이거나 오래 끓이면 국물이 탁하고 비린 맛이 난다.
2. 끓일 때 뚜껑을 열고 끓여야 비린 맛이 제거된다.
3. 비린 맛이 제거 되지 않으면 끓을 때 청주를 조금 넣어 준다.

북어육수

 재료　북어대가리 5개, 다시마 5cm×5cm 4장, 물 10컵

 **만드는
방법**

❶ 북어대가리를 깨끗이 씻어서 12시간 정도 찬물에 담가 우려 준다.
❷ 다시마는 젖은 면포로 살짝 닦아 가위집을 넣고 ❶에 넣어 우린다.
❸ ❶을 중불에서 10분 정도 끓인 후 면포에 내린다.
❹ ❸을 냉장 및 냉동 보관하여 사용한다.

 Tip
1. 북어대가리는 오래 끓이면 쓴 맛이 난다.
2. 모든 육수는 만든 후 바로 사용하는 것이 좋다.

북어 진한육수

재료

북어 1마리, 멸치(디포리) 30g, 건새우 20g, 마늘 5쪽, 대파 2뿌리, 건고추 5개, 다시마 5cm×5cm 3개, 양파 ½개, 무 200g, 청주 3큰술, 물 30컵

만드는 방법

❶ 북어는 아가미를 제거하고 방망이로 두드려 물 5컵에 넣고 하룻밤 담가둔다.
❷ 멸치는 내장을 제거하여 팬에 기름 없이 볶아 비린 맛을 제거한다.
❸ 건새우도 팬에 볶는다.
❹ ❶~❸에 마늘, 대파, 건고추, 다시마, 양파, 무, 물 10컵을 붓고 10분 동안 거품을 제거하면서 끓인다.
❺ ❹에 물 15컵을 다시 붓고 10분간 끓여 비린 맛이 나면 청주를 넣고 살짝 끓여 체에 면포를 펴놓고 내린다.

Tip 아가미를 제거하지 않거나 오래 끓이면 쓴맛이 난다. ❹는 해물찜이나 아구찜 같은 진한 육수를 쓸 때 쓰고 ❺는 칼국수나 된장국 끓일 때 쓰면 좋다.

소고기육수

재료

소고기(양지 또는 사태) 600g, 대파(흰부분) 1뿌리, 마늘 6쪽, 양파 70g, 생강 15g, 통후추 1작은술, 물 15컵

만드는 방법

❶ 소고기를 5cm크기로 썰어서 찬물에 1~2시간 정도 담가 핏물을 제거한다.
❷ ❶에 모든 재료를 넣고 은근하게 약한 불에서 2시간 끓이면서 거품을 제거하고 면포를 준비하여 면포에 육수를 내린다.
❸ ❷를 냉장 및 냉동 보관하여 사용한다.

Tip 1. 고기를 맛있게 먹으려면 끓는 물에 고기를 넣고 1시간 정도 끓인다.
2. 육수를 맛있게 먹으려면 찬물에 2~3시간 정도 끓인다.
2. 육수를 끓일 때 재료에 무를 넣어 주면 시원한 맛이 난다.

소뼈육수

 재료 소뼈 2kg, 물 50컵

 만드는 방법

❶ 소뼈의 기름을 제거하고 흐르는 물에 2시간 이상 담가 핏물을 제거한다.

❷ 끓는 물에 소뼈를 데쳐 여러번 헹구어 준다.

❸ ❷에 물을 붓고 중불에서 3시간 정도 끓여준 다음 체에 걸러 준다.

❹ 소뼈에 붙은 살을 발라내고 물을 붓고 중불에서 3시간 정도 끓인 후 체에 걸러 준다.

❺ 소뼈에 물을 붓고 중불에서 3시간 정도 끓여 체에 내려 준다.

❻ ❸~❺의 육수를 합하여 다시 끓여서 식힌 후 기름을 제거한다.

 Tip
1. 한번에 오래 끓이면 기름이 산화되고 맛이 깔끔하지 않다.
2. 육수를 낼 때 간을 하면 육수가 잘 우러나지 않고 맛이 없다.
3. 끓인 육수를 우유팩에 넣어 냉동 보관하면 사용하기에 간편하다.

Brown Stock(브라운스톡)

재료

소뼈 2kg, 셀러리 1줄기, 양파 1개, 마늘 10쪽, 당근 ½개, 대파 1뿌리, 월계수잎 3장, 정향 5개, 통후추 1작은술

만드는 방법

❶ 소뼈를 씻어 찬물에 2시간 정도 핏물을 뺀다.

❷ 끓는 물에 소뼈를 데쳐서 헹군다.

❸ 빵굽는 시팬에 안 쓰는 파잎, 셀러리잎을 바닥에 깔아 놓고 소뼈를 펴놓는다.

❹ ❸에 셀러리, 당근, 양파, 마늘, 대파도 같이 한 옆에 담고 190℃에 1시간 정도 굽는다.(갈색이 나도록)

❺ 육수 끓일 솥에 ❹를 넣고 월계수잎, 정향, 통후추를 넣고 센불에서 끓으면 약하게 불을 줄이고 거품을 제거하면서 8시간 끓여 면포에 내린다.(파 잎과 셀러리 잎은 버린다)

Tip 1. 오븐이 없으면 소뼈와 채소를 팬에 볶아서 사용한다.

2. 약한 불에서 끓여야 맑은 육수를 만들 수 있다.

3. 색이 진한 음식(스테이크 소스, 토마토로 만드는 요리 등)에 다양하게 쓰인다.

건해물육수

 재료 멸치 40g, 건새우 30g, 건고추 5개, 대파 2뿌리, 마늘 5쪽, 다시마 5cm×5cm 3개, 물 15컵

 만드는 방법

❶ 멸치를 내장을 제거하여 팬에 볶아 비린 맛을 제거한다.

❷ 건새우도 팬에 볶아 비린 맛을 제거한다.

❸ ❶, ❷에 대파, 마늘, 다시마, 물을 붓고 끓으면 중불에서 뚜껑을 열고 10분간 끓여 체에 면포를 펴놓고 내린다.

❹ ❸에 다시 물을 붓고 10분간 끓여 체에 내린다.

 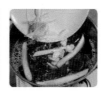

 Tip
1. ❸은 진한 육수를 쓸 때 사용하거나 ❹를 혼합하여 사용한다.
2. 육수를 끓일 때 뚜껑을 열고 끓이면 비린 맛을 줄일 수 있다.

닭육수

재료 닭(중닭 1kg정도) 1마리, 대파 1뿌리, 마늘 5쪽, 양파 ½개, 생강15g, 통후추 1작은술, 물 20컵

  만드는 방법

❶ 닭을 깨끗이 손질하여 찬물에 1시간 정도 담가 핏물을 빼 준다.

❷ 냄비에 모든 재료를 넣고 센 불에서 끓으면 거품을 건져 내고 중불에서 30분간 더 끓인다.

❸ 닭을 건져서 살을 발라내고 뼈를 다시 넣고 약한 불에서 1~2시간 끓여 면포에 내린다.

❹ 육수를 냉장고에 넣어 식힌 후 기름을 제거하고 냉동 또는 냉장 보관하여 사용한다.

Tip
1. 닭을 오래 끓이면 닭고기 살이 맛이 없으므로 30분 정도 끓여 살을 발라내고 다시 뼈를 끓이면 육수도 맛있고 삶은 닭고기는 냉채나 닭개장, 죽을 끓일 때 쓰면 좋다.
2. 한식, 양식, 중국요리(자장면, 짬뽕, 유산슬, 팔보채 등 다양한 요리)에 닭 육수를 쓰면 깊은 맛을 더 할 수 있다.

야채육수

 재료 표고버섯 3장, 양파 ½개, 당근 ⅓개, 고추씨 3큰술, 마늘 5쪽, 대파(잔뿌리 포함) 2뿌리, 무 100g, 다시마 5cm×5cm 2장, 물 20컵

 만드는 방법
❶ 모든 재료를 손질하여 물에 넣고 끓으면 거품을 제거한다.
❷ ❶을 중불에서 끓인 후 면포에 내린다.

 Tip 탕수육이나 깐풍기 육수로 사용하면 좋다.

한방육수

 재료 감초 9쪽, 정향 9개, 다시마 5cm×5cm 6장, 말린 칡 9쪽, 둥굴레 9쪽, 생강 9쪽, 건고추 15개, 양파 1개, 물 15컵(끓인 후 ½양)

 만드는 방법
❶ 모든 재료를 잘 손질하여 물을 붓고 끓인 후 거품을 제거한다.
❷ ❶을 약한 불에서 2시간 끓인 후 면포에 내린다.
❸ ❷를 냉장 및 냉동 보관하여 사용한다.

Tip 1. 냄새가 나는 육류 요리에 사용한다.
2. 냄새가 많이 나는 장어나 돼지족발 요리를 할 때는 통계피를 추가로 넣는다.

Part
2

건강한 요리 만들기

호두볶음밥

 재료

50인분
- [ ] 밥 3.2kg
- [ ] 호두 3컵
- [ ] 브로콜리 3컵
- [ ] 당근1.5개
- [ ] 파프리카(빨강, 노랑) 각 3개
- [ ] 맛기름 8큰술
- [ ] 깨소금 8큰술
- [ ] 참기름 4큰술
- [ ] 소금 약간

4인분
밥 800g, 호두 1컵, 브로콜리 1컵
파프리카(빨강, 노랑) 각 1개
당근 ½개, 맛기름 3큰술
깨소금 2큰술, 참기름 1큰술
소금 약간

만드는 방법

❶ 호두를 데쳐서 헹군 다음 5mm 크기로 잘라서 팬에 살짝 볶는다.

❷ 브로콜리는 다듬어서 끓는 물에 소금을 넣고 데쳐서 헹군다.

❸ ❷를 5mm 크기로 썰어준다.

❹ 파프리카, 당근을 5mm 크기로 썰어서 달군 팬에 맛기름을 넣고 각각 볶다가 브로콜리를 넣고 소금 간하여 볶는다.

❺ 밥을 맛기름에 볶다가 ❶~❹를 넣고 참기름을 넣어 혼합하여 그릇에 담는다.

> **Tip**
> 1 호두는 칼슘, 인, 마그네슘, 칼륨, 철분 등의 무기질이 풍부한 식품이다.
> 2 호두는 두뇌 활동에도 도움이 되며, 피부 미용에도 좋고 불면증 예방에 도움이 된다.

유산슬덮밥

재료

50인분

□ 밥 3.2kg
□ 오징어 2마리
□ 불린 해삼 400g
□ 표고버섯 12장
□ 새송이버섯 4개
□ 청경채 8개
□ 팽이버섯 2봉
□ 새우 50마리
□ 녹말가루 6큰술
□ 맛간장 8큰술
□ 청주 8큰술
□ 맛기름 4큰술
□ 마늘 12쪽
□ 육수 4컵
□ 파 1뿌리
□ 참기름 1큰술
□ 생강 약간

4인분

밥 800g, 오징어 ½마리, 불린 해삼 100g, 표고버섯 3장, 새송이버섯 1개, 청경채 2개, 팽이버섯 ½봉, 새우 8마리 [양념] 녹말가루 2큰술, 맛간장 2큰술, 청주 2큰술, 맛기름 2큰술, 마늘 3쪽, 육수 1컵, 파 ⅓뿌리, 참기름 1큰술, 생강 약간

만드는 방법

❶ 오징어는 껍질을 벗기고 내장 쪽에 칼집을 넣어 채 썰어 데친다.

❷ 불린 해삼을 데쳐서 채 썬다.

❸ 새우는 소금물에 씻은 다음 끓는 물에 소금, 청주를 넣고 데쳐 껍질을 벗긴다.

❹ 표고를 불려 채 썬다.

❺ 새송이를 채 썰어 데친다.

❻ 청경채를 데친 다음 줄기는 채 썬다.

❼ 파, 마늘, 생강을 채 썰어 맛기름에 볶다가 맛간장, 청주를 넣고 볶는다.

❽ ❼에 표고, 새송이를 넣어 볶다가 오징어, 해삼, 새우를 넣고 볶는다.

❾ ❽에 청경채를 넣고 볶다가 육수를 붓고 팽이버섯을 넣고 후추를 넣어 물녹말(물:녹말=2:1)로 농도를 맞춘 다음 참기름을 넣는다.

❿ 그릇에 밥을 담고 ❾를 넣는다.

Tip 새송이버섯, 새우 삶은 물을 육수로 사용한다.

야채 주먹밥

재료

50인분
- ☐ 밥 3.2kg
- ☐ 당근 2개
- ☐ 오이 4개
- ☐ 파프리카 2개
- ☐ 표고버섯 8개
- ☐ 달걀 8개
- ☐ 김자반 200g
- ☐ 소금 약간
- ☐ 맛기름 12큰술
- ☐ 깨소금 9큰술
- ☐ 참기름 6큰술
- ☐ 청주 1큰술
- ☐ 맛간장 약간
- ☐ 북어가루 8큰술

4인분
밥 800g, 당근 ½개, 오이 1개, 파프리카 ½개, 표고 2개, 달걀 2개, 김자반 50g, 소금 약간, 맛기름 4큰술, 깨소금 3큰술, 참기름 2큰술, 청주 1작은술, 맛간장 약간, 북어가루 2큰술

 만드는 방법

❶ 당근, 오이, 파프리카, 표고버섯을 곱게 다진다.

❷ 당근, 파프리카는 맛기름과 소금을 넣고 볶는다.

❸ 표고는 맛간장으로 양념하여 볶는다.

❹ 달걀에 소금, 청주를 넣고 혼합하여 팬에 맛기름을 넣고 중불에서 젓가락으로 저어가며 몽글몽글하게 익힌다.

❺ 밥에 ❷, ❸, ❹와 김자반, 깨소금, 참기름, 북어가루를 넣고 혼합한 다음 꼭꼭 뭉쳐 빚는다.

김치 캘리포니아롤

재료

50인분
- ☐ 불린쌀 10컵
- ☐ 물 10컵
- ☐ 배합초 600cc
- ☐ 새우 25마리
- ☐ 배추김치 500g
- ☐ 치커리 160g,
- ☐ 청주 2큰술

[단촛물]
- ☐ 설탕 320g
- ☐ 식초 320g
- ☐ 소금 20g

[토핑]
- ☐ 아몬드 슬라이스 3컵
- ☐ 오이 다진 것 1.5컵

 1 단촛물을 만들때 양이 적으면 식초를 더 많이 넣고 양이 많을 때는 식초의 양을 적게 넣는다.
2 단촛물을 끓일 때 오래 끓이면 많이 끈적거린다.

4인분
불린쌀 2.5컵, 물 2.5컵, 배합초 150cc, 새우 6마리, 배추김치 125g, 치커리 40g, 청주 1/2큰술 **[단촛물]** 설탕 80g, 식초 80g,
소금 5g **[토핑]** 아몬드 슬라이스 ½컵, 오이 다진 것 ¼컵

 밥 200g당 단촛물 2큰술(30mL) 정도를 넣는다.

 만드는 방법

❶ 설탕, 식초, 소금을 넣어 설탕, 소금이 녹을 때까지 끓여 단촛물을 만든다.
❷ 쌀은 깨끗이 씻어 20분 불려 고슬하게 밥을 지어 단촛물을 넣어 젓가락으로 고르게 버무려
준다.
❸ 새우는 내장 제거하여 구부러지지 않도록 산적 꼬치를 끼워 끓는 물에 소금, 청주를 넣고
삶아 껍질을 벗긴다.

 새우는 내장을 제거하여 산적 꼬치에 끼워
쪄서 껍질을 벗겨 사용하여도 좋다.

❹ 김치는 양념과 국물을 훑어내고 채썰어 준비한다.
❺ 치커리는 씻어 수분을 제거한다.
❻ 오이는 잘게 다져 준비하고 아몬드 슬라이스는 기름에 노릇하게 튀기거나 팬에 볶아 준비한다.
❼ 김발에 비닐랩을 깔고 밥을 고루 편 후 김을 놓고 재료를 가지런히 올려 단단하게 말아준다.
❽ 한입크기로 썰어 접시에 담고 오이와 아몬드 슬라이스를 고루 올린다.

유부초밥

재료

50인분
- □ 밥 3.2kg
- □ 당근 400g
- □ 우엉 400g(맛간장 4큰술)
- □ 오이 (or 오이피클) 400g
- □ 불린 표고버섯 200g
  (맛간장 4큰술)
- □ 유부 80개(맛간장 4큰술)

[단촛물]
설탕 150g, 식초 180g, 소금 20g

4인분
밥 800g, 당근 100g, 우엉100g(맛간장 1큰술), 오이(or 오이피클) 100g, 불린 표고버섯 50g(맛간장 1큰술), 유부 20개(맛간장 1큰술) **[단촛물]** 설탕 40g, 식초 45g, 소금 5g

 Tip
1. 입맛을 돋우는 유부는 주식과 간식으로 가능하다.
2. 단촛물은 오래 끓이면 안 된다.
3. 색이 고루고 예뻐야 좋다.

 만드는 방법

❶ 우엉을 씻어 칼등으로 껍질을 제거한 후 0.3cm×0.3cm로 곱게 다진다. 맛간장에 졸여서 윤기를 낸다.

❷ 오이 또는 오이피클을 0.3cm×0.3cm로 곱게 다져 물기를 제거한다.

❸ 불린 표고버섯은 물기를 제거한 후 0.3cm×0.3cm로 곱게 다져 맛간장을 넣어 볶는다.

❹ 당근을 씻어 0.3cm×0.3cm로 곱게 다진다.

❺ 사각 유부를 방망이로 밀어 대각선으로 자른 후 가운데를 떼서 유부를 데쳐 물기를 제거한 후 맛간장을 넣고 물기가 없을 때까지 졸인다.

❻ 설탕, 식초, 소금을 넣어 설탕, 소금이 녹을 때까지 끓여 단촛물을 만든다.

❼ 고슬하게 지은 밥에 뜨거울때 단촛물을 넣고 혼합하여 부채로 식힌다음 ❶~❹를 넣어 골고루 버무린다.

❽ ❺의 유부를 모양나게 벌려 ❼을 넣어 예쁜 모양이 나오게 만들어 접시에 담는다.

짜장덮밥

재료

50인분
- 밥 3.2kg
- 돈육 1kg

[고기양념]
- 파 3큰술
- 마늘 1.5큰술
- 맛간장 3큰술
- 맛기름 6큰술
- 참기름 1큰술
- 생강 약간
- 양파 1kg

- 양배추 1kg
- 호박 300g
- 감자 500g
- 오이 3개
- 생춘장(사자표)1컵
- 조청 8큰술 또는 설탕
- 청주 4큰술
- 표고버섯 가루 4큰술
- 닭발육수 4컵(물 4컵)
- 물녹말 4큰술

4인분
밥 800g, 돈육300g **[고기양념]** 파 1큰술, 마늘 ½
큰술, 맛간장 1큰술, 맛기름 2큰술, 참기름 1작은술,
생강 (약간), 양파 300g, 양배추 300g, 호박100g,
감자 150g, 오이1개, 생춘장(사자표) 4큰술, 조청
2큰술 또는 설탕, 청주 1큰술, 표고버섯 가루 1큰술,
닭발육수 1컵(물 1컵), 물녹말 1큰술

 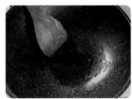  

 만드는 방법

❶ 돈육은 갈은 것으로 준비하여 분량의 양념을 넣어 밑간하여 준비한다.

❷ 양파, 양배추, 호박, 감자를 0.5cm×0.5cm 크기로 썰고 오이는 채 썰어 놓는다.

❸ 맛기름을 넣어 은근하게 끓어 오르면 춘장을 넣고 윤기가 나도록 저어주면서 볶은 후 춘장을 체에 기름을 거른다.

❹ 체에 거른 춘장 맛기름에 양념한 돈육을 볶아준다.

❺ ❹에 감자를 먼저 넣고 반쯤 볶다가 호박을 넣고 볶고 양배추, 양파를 넣고 살짝 볶는다.

❻ ❺의 볶은 재료에 춘장을 넣고 고루 잘 볶아준다.

❼ ❻에 닭 육수를 넣어 끓인 다음 표고가루, 설탕, 청주를 넣고 물 녹말을 넣어 빠르게 저으면서 농도를 맞추고 마지막에 참기름을 넣어 완성한다.

❽ 밥을 담고 위에 소스를 알맞게 넣어 오이를 얹는다.

 Tip
1 춘장을 약한 불에서 오래 볶아야 쓰지 않고 부드럽다.
2 소스가 윤기가 나도록 농도를 (설탕, 물녹말) 잘 조절해야 한다.
3 많은 양의 짜장을 만들때는 양파, 양배추는 살짝 볶아 놓았다가 나중에 짜장에 섞어준다.

하이라이스

재료

50인분

□ 밥 3.2kg
□ 소고기 800g
□ 당근 400g
□ 양송이버섯 20개
□ 새송이버섯 8개
□ 피망 4개
□ 양파 4개
□ 맛기름 6큰술
□ 천연케첩 600g
□ 적포도주 1컵

□ 밀가루 8큰술
□ 버터 6큰술
□ 마늘 ½컵
□ 월계수잎 4장
□ 정향 8개
□ 표고가루 8큰술
□ 북어가루 8큰술
□ 브라운스톡 8컵(물)
□ 생크림 400g
□ 소금, 후추 약간씩

4인분

밥 800g, 소고기 200g, 당근 100g, 양송이버섯 5개, 새송이버섯 2개, 피망 1개, 양파 1개, 맛기름 3큰술, 천연케첩 150g, 적포도주 5큰술, 밀가루 2큰술, 버터 1.5큰술, 마늘 2큰술, 월계수잎 2장, 정향 2개, 표고가루 2큰술, 북어가루 2큰술, 브라운스톡 2~3컵(물), 생크림 100g, 소금, 후추 약간씩

만드는 방법

❶ 새송이, 양파, 피망, 당근은 4cm×0.8cm×0.3cm로 썰어 각각 맛기름에 볶는다.

❷ 소고기는 4cm×0.8cm×0.3cm로 썰어 놓는다.

❸ 냄비에 맛기름 넣고 마늘을 볶다가 ❷를 넣고 볶는다.

❹ 팬에 버터를 녹인다음 밀가루를 넣고 약한 불에서 갈색이 나게 볶는다.

 Tip 밀가루와 버터를 약한 불에서 오래 볶아야 맛있다.

❺ ❹에 천연케첩을 넣고 볶다가 ❶, ❸을 넣고 볶는다.

❻ ❺에 육수를 넣고 표고가루, 북어가루, 월계수잎, 정향, 적포도주를 넣고 끓이다가 월계수잎, 정향은 건져내고 생크림, 소금, 후추를 넣는다.

❼ 그릇에 밥을 담고 ❻을 얹는다.

오므라이스

재료

50인분

- ☐ 달걀 50개
- ☐ 우유 1컵
- ☐ 청주 5큰술
- ☐ 밥 3.2kg
- ☐ 당근 250g
- ☐ 양파 400g
- ☐ 브로콜리 250g
- ☐ 피망 2개
- ☐ 소고기 갈은것 500g
- ☐ 양송이버섯 300g
- ☐ 소금 약간

[볶음밥용]

- ☐ 천연케첩 2컵
- ☐ 표고버섯 가루 5큰술
- ☐ 맛기름 약간
- ☐ 깨소금 약간
- ☐ 참기름 약간

[소스용]

- ☐ 천연케첩 400g
- ☐ 맛간장 4큰술
- ☐ 브라운스톡(물 3컵)
- ☐ 맛기름, 파, 마늘, 해바라기씨, 참기름 약간

4인분

달걀 8개, 우유 2큰술, 소금 약간, 청주 1큰술, 밥 800g, 당근 50g, 양파50g, 브로콜리 50g, 피망 반개, 소고기민지 80g, 양송이버섯 50g **[볶음밥용]** 천연케첩 ½컵, 표고버섯 가루 1큰술, 맛기름, 깨소금, 참기름 약간 **[소스용]** 천연케첩 100g, 맛간장 1큰술, 브라운스톡 (물 ½컵), 맛기름, 파, 마늘, 해바라기씨, 참기름 약간

 만드는 방법

① 달걀에 소금과 우유와 청주를 넣고 풀어 체에 내린 후 밥을 덮을 정도의 크기로 지단을 부친다.

② 당근, 양파는 0.5cm×0.5cm로 다져서 볶는다. 해바라기씨는 볶아서 다져 놓는다.

③ 브로콜리는 끓는 물에 소금을 넣어 데쳐서 다진다.

④ 양송이버섯을 다져서 맛기름에 볶는다.

⑤ 밥을 맛기름에 볶다가 ②~④까지 넣고 볶는다.

⑥ 볶은 밥에 천연케첩을 넣어 색을 맞추어 준다.

⑦ 천연케첩을 넣은 밥에 맛간장, 브라운스톡을 넣어 끓여 소스 농도를 맞추고 소금으로 간한다.

⑧ 케첩을 넣어 볶은 밥을 담고 지단을 올리고 ⑦의 소스를 올린다.

⑨ 해바라기씨를 고명으로 올려준다.

현미 브로콜리죽

재료

50인분
- ☐ 현미 4컵
- ☐ 물 20컵
- ☐ 브로콜리 600g(물 500mL)
- ☐ 볶은콩가루 1컵
- ☐ 다진호두 5큰술

4인분
현미 1컵, 물 5컵, 브로콜리 150g, (물 1컵), 볶은콩가루 3큰술, 다진호두 1.5큰술

만드는 방법

❶ 현미를 하루 전에 불려 체에 받쳐 물기를 제거한 후 분쇄기에 갈아준다.

❷ 호두를 볶아 곱게 다진다.

❸ 브로콜리는 소금물에 데쳐서 분쇄기에 갈아 준다.

Tip 식성에 따라 소금으로 간한다.

❹ ❶을 참기름에 넣고 투명해질 때까지 볶다가 물을 넣고 팔팔 끓이다 약불로 줄여준다.

❺ 죽이 잘 퍼지면 ❸을 넣고 볶은 콩가루를 넣어 살짝 끓여준다.

❻ 끓인 죽을 그릇에 담고 위에 다진 호두를 고명으로 올린다.

녹두닭죽

재료

50인분
- □ 녹두 400g
- □ 닭(백숙용) 2kg
- □ 찹쌀 400g
- □ 마늘 100g
- □ 대파 2뿌리
- □ 생강 20g
- □ 당근 100g
- □ 양파 100g
- □ 부추 50g
- □ 소금 1큰술
- □ 후추 약간
- □ 닭육수 20컵

4인분
녹두 100g, 닭(백숙용) ½마리(500g), 찹쌀 100g, 마늘 30g, 대파 1뿌리. 생강 약간, 당근 30g, 양파 30g, 부추 20g, 소금, 후추 약간, 닭육수 6컵

 만드는 방법

❶ 녹두와 찹쌀은 잘 씻어 3~4시간 정도 불려 둔 후 체에 건져 물기를 제거하여 투명 해질 때까지 볶아준다. 녹두알이 2배 정도로 불려지면 양손으로 녹두를 비벼가며 껍질을 벗기거나 그냥 사용한다.

❷ 닭고기는 깨끗이 손질한 후 마늘, 대파, 생강을 넣어 30분 정도 푹 끓인다.

❸ 삶은 닭을 건져 내어 뼈와 닭 껍질을 발라내고, 닭살을 먹기 좋은 크기로 찢어 놓는다.

❹ ❸의 남은 닭뼈에 물을 넣고 2시간 정도 끓인 후, ❸의 국물과 섞어서 체에 내려서 살짝 끓여준다.

❺ 당근, 양파, 부추를 잘게 다진다.

❻ ❹의 육수에 녹두를 넣고 끓여 반쯤 익으면 찹쌀을 넣어 중간불에서 서서히 끓인다. 찹쌀과 녹두를 국물에 넣어 퍼지도록 가끔 저어준다.

❼ ❻에 채소를 넣어 끓인 후 닭고기살을 넣고 소금, 후추로 간을 맞춘다.

> **Tip** 녹두는 익으면 냄비 바닥에 쉽게 눌어붙기 때문에 주걱으로 잘 저어가며 끓인다.

전복죽

 재료

50인분
- 전복 12마리
- 불린쌀 6컵
- 참기름 6큰술
- 소금 약간
- 물 30컵

4인분
전복 3마리, 불린쌀 1.5컵
참기름 2큰술
소금 약간, 물 8컵

Tip **전복의 효능**
전복은 아르기닌이라는 아미노산이 1100mg으로 타 식품에 비해 풍부하다. 또한 풍부한 단백질에 글루타민산과 로이산, 알기닌등의 아미노산이 풍부하고 간장보호 피로회복, 심근경색 예방과 현기증, 고혈압, 귀울림 등 원기회복에 좋다.

만드는 방법

❶ 전복을 소금으로 문지르고 솔로 씻는다.

❷ 씻은 전복은 껍질에서 전복 살을 떼고 내장을 분리하여 모래주머니와 전복 이빨을 제거한다.

❸ 전복 살은 다지거나 편 썰기하고 내장은 곱게 다진다.

❹ 불린 쌀은 체에 걸러 물기를 제거한 후 분쇄기나 방망이로 반으로 부순다.

❺ 냄비에 참기름을 넣고 전복을 살짝 볶아 건져낸다.

❻ ❺에 내장을 넣고 볶다가 ❹의 반으로 부순 쌀을 넣고 투명해질 때까지 볶는다.

❼ ❻에 물을 넣고 쌀이 퍼질 때까지 끓인다.

❽ ❼에 ❺를 넣고 소금으로 간하여 그릇에 담는다.

Tip 전복은 오래 끓이면 질겨져서 맛이 없다.

단호박영양죽

재료

50인분
- □ 단호박 2.4kg(큰것2개)
- □ 호박고구마 600g
- □ 찹쌀 400g
- □ 우유 3L
- □ 견과류(호두, 아몬드, 잣, 해바라기씨) 400g
- □ 물 4컵

4인분
단호박 600g
호박고구마 150g
찹쌀 100g
우유 800mm
견과류(호두, 아몬드, 잣, 해바라기씨) 100g
물 2컵

만드는 방법

1. 단호박을 씻어서 끓는 물에 3분간 삶아서 껍질을 벗기고 씨를 제거하여 적당한 크기로 썬다.
2. 찹쌀을 1시간정도 물에 불린다.
3. 호박고구마를 깨끗이 씻어서 껍질을 벗겨 적당한 크기로 썬다.
4. 단호박, 찹쌀, 호박고구마와 물을 넣고 찹쌀이 익을 때까지 찐다.
5. 견과류는 물에 씻어 놓는다.
6. ④와 ⑤에 우유를 넣고 믹서기에 갈아서 냄비에 담아 살짝 끓인다.
7. ⑥을 그릇에 담고 견과류를 다져서 얹어 준다.

Tip
1. 믹서기에 갈 때 농도는 우유로 맞춘다.
2. 우유와 견과류를 넣고 오래 끓이면 영양소가 많이 파괴된다.
3. 찔 때는 찹쌀을 중간에 넣고 찐다(찹쌀이 바닥으로 가면 잘 타고 위로 가면 잘 익지 않는다).
4. 소금은 기호에 따라 넣는다.
5. 단호박은 끓는 물에 데치면 껍질이 쉽게 잘 벗겨진다.

잣국수

재료

50인분
- ☐ 잣 5컵
- ☐ 중면 1.5kg
- ☐ 물(생수) 25컵
- ☐ 오이 2개
- ☐ 방울토마토 50개
- ☐ 소금 적당량

4인분
잣 1컵
중면 360g
물(생수) 5컵
오이 ½개
방울토마토 8개
소금 약간

 만드는 방법

❶ 잣에 물 1컵을 넣고 믹서기로 갈다가 물 4컵, 소금을 약간 넣고 갈아서 국물을 만든다.

❷ 끓는 물에 국수를 삶아서 헹군 다음 사리를 만들어 그릇에 담는다.

❸ 오이를 돌려 깍기하여 채 썰고, 방울토마토는 2등분한다.

❹ ❷에 ❶을 붓고 ❸을 고명으로 얹는다.

> **Tip**
> 1 국수를 삶을 때 끓으면 찬물을 2회 정도 부어 준다.
> 2 국수를 헹굴 때 많이 비벼주며 헹구어야 면발이 쫄깃하다.

검은콩국수

재료

50인분

☐ 검정콩 800g

☐ 잣, 흑임자 각 4큰술

☐ 물 6400cc

☐ 소면 1.5kg

☐ 오이 2개

☐ 베이비토마토 200g

☐ 소금 적당량

4인분

검정콩 200g

잣, 흑임자 각 1큰술

물 1600cc

소면 350g

오이 1개

베이비토마토 50g

소금 적당량

 만드는 방법

❶ 검정콩은 깨끗하게 씻어 물 4컵에 불린 후 센 불에서 삶는다.

❷ 삶은 콩에 물 4컵을 넣는다.

❸ ❷와 잣, 흑임자를 넣어 믹서기에 곱게 갈아 소금으로 간한다.

❹ 소면을 삶아 찬물에 헹궈 쫄깃하게 준비한다.

❺ 오이는 가늘게 채 썰고, 토마토는 먹기 좋은 크기로 썬다.

❻ 삶은 소면에 차게 식힌 ❸과 얼음을 동동 띄워 ❺를 올려 낸다.

Tip
1 콩을 오래 삶으면 맛이 고소하지 않다.
2 소면은 비벼서 깨끗이 씻어야 면발이 쫄깃하다.

모밀국수

재료

50인분

☐ 건모밀국수 1.5kg
☐ 무 400g
☐ 쪽파 100g
☐ 김 4장
☐ 육수 28컵(가쓰오부시 120g, 다시마 100cm×100cm, 표고버섯 20개)
☐ 간장 4컵
☐ 청주 4컵
☐ 설탕 12큰술

4인분

건모밀국수 360g, 무 100g, 쪽파 25g, 김1장, 육수 7컵(가쓰오부시 30g, 다시마 20cm×20cm, 표고버섯 4개), 간장 1컵, 청주 1컵, 설탕 3큰술

 만드는 방법

❶ 다시마와 표고버섯을 찬물에 불리고 8컵의 물을 넣어 살짝 끓어 오르면 불은 끈다.

❷ ❶에 가쓰오부시를 넣고 뚜껑을 덮어 20분 후에 체에 내린다.

❸ ❷에 간장, 청주, 설탕을 넣어 살짝 끓여 식힌다.

❹ 무를 강판에 갈아 수분을 제거한다.

❺ 쪽파는 송송 썬다.

❻ 김은 구워서 채를 썬다.

❼ 모밀을 삶아서 물에 헹구어 사리를 만든다.

❽ ❼에 ❸을 붓고 ❹, ❺, ❻을 예쁘게 얹어 낸다.

Tip 생모밀이면 질감과 맛이 더 좋다.

해물볶음면

재료

50인분
- ☐ 우동면 1.6kg
- ☐ 오징어 4마리
- ☐ 피홍합 400g
- ☐ 중하새우 300g
- ☐ 양파 400g
- ☐ 당근 100g
- ☐ 숙주나물 400g
- ☐ 새송이버섯 4개
- ☐ 청경채 200g
- ☐ 대파 1컵
- ☐ 마늘 ¾컵
- ☐ 맛기름 6큰술
- ☐ 맛간장 6큰술
- ☐ 청주 6큰술
- ☐ 조청 8큰술
- ☐ 고운 고춧가루 3큰술
- ☐ 소금, 참깨, 참기름, 후춧가루 약간
- ☐ 물녹말 8큰술
- ☐ 새우가루 4큰술
- ☐ 홍합가루 4큰술

4인분
우동면 400g, 오징어 1마리, 피홍합 100g, 중하새우 80g, 양파 120g, 당근 30g, 숙주나물 100g, 새송이버섯 1개, 청경채 40g, 파 4큰술, 마늘 3큰술, 맛기름 2큰술, 맛간장 2큰술, 청주 2큰술, 조청 2큰술, 소금, 참깨, 참기름, 후춧가루 약간, 물녹말 2큰술, 새우가루 1큰술, 홍합가루 1큰술

만드는 방법

❶ 중하새우, 오징어, 홍합은 깨끗한 물에 손질한 후 오징어를 손질하여 모양을 내고 새우, 오징어 홍합은 소금을 넣고 살짝 데쳐준다.

❷ 양파와 당근, 새송이버섯은 4cm×1cm×0.3cm 길이로 채 썰어 놓는다. 숙주와 청경채는 씻어 적당히 잘라 놓는다.

❸ 물이 끓으면 소금과 국수(우동)를 넣고 삶아 건져 놓는다.

❹ 맛기름에 마늘과 파를 넣어 볶다가 ❶과 ❷의 재료들을 넣고 숨이 죽지 않도록 살짝 볶은 후 고춧가루, 맛간장, 조청, 청주, 홍합가루와 소금 등으로 양념한다.

❺ ❸의 소스에 건져놓은 우동면을 넣고 볶다가 물녹말을 넣고 볶은 다음, 참기름과 깨소금으로 마무리한다.

Tip 1 새우, 홍합가루는 양념 시 나중에 넣어야 맛이 난다.   2 새우, 홍합가루는 간이 되어 있으므로 조리 시 주의한다.

토마토소스 스파게티

재료

50인분
- □ 스파게티면 1.5kg
- □ 소금 1큰술
- □ 올리브유 4큰술
- □ 파마산치즈 1컵
- □ 파슬리 약간
- □ 다진마늘 8큰술
- □ 양파 8개
- □ 당근 2개
- □ 셀러리 4줄기
- □ 다진고기 400g
- □ 양송이 20개
- □ 표고가루 4큰술
- □ 맛기름 6큰술
- □ 생크림 2컵
- □ 천연토마토케첩 8컵

4인분
스파게티면 360g, 소금 1작은술, 올리브유 1큰술, 파마산치즈 4큰술, 파슬리 약간, 다진마늘 2큰술, 양파 2개, 당근 ½개, 셀러리 1줄기, 다진고기 100g, 양송이 5개, 표고가루 1큰술, 맛기름 2큰술, 생크림 ½컵, 천연토마토케첩 2컵

 만드는 방법

① 소고기, 양파, 당근, 샐러리, 양송이, 마늘을 곱게 다진다.

② 팬에 맛기름을 넣고 마늘, 양파를 볶다가 소고기, 당근, 양송이, 셀러리의 순서로 볶는다.

③ ②에 표고가루, 천연토마토케첩을 넣고 끓인 다음 생크림과 소금, 후추로 간한 후, 살짝 끓인다.

④ 끓는 물에 소금 1작은술, 올리브오일을 넣고 스파게티를 12분 정도 삶아 건진다.

⑤ ④에 소스를 넣고 버무려서 그릇에 담고 파마산 치즈와 파슬리를 곱게 다져서 수분을 제거하여 얹는다.

Tip
1 생크림이 없으면 우유1컵으로 대체해도 좋다.
2 많은 양을 조리할 때 식용유의 양은 비례된 양보다 적게 들어간다.

감자양파스프

 재료

50인분
- ☐ 감자 2.5kg
- ☐ 양파 3개
- ☐ 우유 4컵 또는
  (생크림 2컵)
- ☐ 소금, 후추 약간
- ☐ 닭육수 30컵
- ☐ 맛기름 8큰술
- ☐ 식빵 2개
- ☐ 파슬리 약간

4인분
감자 600g, 양파 ½개,
우유 1컵또는(생크림 ½
컵) 소금, 후추 약간, 닭
육수 8컵, 맛기름 2큰
술, 식빵 ½개, 파슬리
약간

 만드는 방법

❶ 양파를 얇게 썰어 버터나 맛기름에 볶는다.

❷ 감자는 껍질을 제거하여 얇게 썰어 물에 담가 전분을 제거한 후 ❶에 넣고 볶는다.

❸ ❷에 닭 육수를 넣어 끓인 후 믹서기에 갈아 끓인다.

❹ 스프 농도를 보면서 우유 1컵 정도 또는 생크림 ½컵을 넣어 조절해준 후, 소금, 후추로
간을 해준다.

❺ 식빵을 0.5cm×0.5cm로 썬 후 후라이팬에 살짝 굽거나 튀긴다.

❻ 파슬리는 곱게 다져서 면포에 넣어 짜서 수분을 제거한다.

❼ ❹를 그릇에 담은 후 ❺, ❻을 얹는다.

Tip 1 우유나 생크림은 오래 끓이면 영양 손실이 크고 색도 변한다.
　　2 스프를 많이 만들 때 육수의 양은 적게 만들 때보다 적게 넣는다.

소고기버섯국

재료

50인분
- ☐ 소고기 800g
- ☐ 느타리 400g
- ☐ 파 2뿌리
- ☐ 마늘 3큰술
- ☐ 맛기름 3큰술
- ☐ 참기름 2큰술
- ☐ 국간장 6큰술
- ☐ 소금 약간
- ☐ 다시마 30cm

4인분
소고기 200g, 느타리 100g, 파 ½뿌리, 마늘 1큰술, 맛기름 1큰술, 참기름 ½큰술, 국간장 1.5큰술, 소금 약간, 다시마10cm

 만드는 방법

❶ 소고기를 먹기 좋은 크기로 썰어 파, 마늘, 국간장, 참기름을 넣고 양념한다.

❷ 느타리를 먹기 좋은 크기로 찢어놓는다.

❸ 냄비에 맛기름을 넣고 양념한 소고기를 넣어 볶다가 찢어 놓은 느타리버섯을 넣고 볶는다.

❹ 다시마에 물 8컵을 넣고 끓여 다시마를 건져낸다.

❺ ❸에 ❹를 넣고 끓여 국간장으로 색깔만 내고 소금으로 간한다.

달걀국

 재료

50인분
- ☐ 달걀 16개
- ☐ 북어가루 8큰술
- ☐ 청주 4큰술
- ☐ 참기름 3큰술
- ☐ 쪽파 12뿌리
- ☐ 국간장 6큰술
- ☐ 소금 약간
- ☐ 북어육수 16컵
  (북어대가리 8개
  다시마 20cm)

4인분
달걀 4개, 북어가루 2큰술, 청주1큰술, 참기름 1큰술, 쪽파 3뿌리, 국간장 2큰술, 소금 약간, 북어육수 4컵(북어대가리 2개, 다시마 5cm)

 만드는 방법

❶ 북어대가리에 물 6컵을 넣고 하루 저녁 담가 놓는다.
❷ ❶에 다시마를 넣고 10분간 끓여 체에 내린다.
❸ 북어가루에 청주, 참기름을 넣고 무친다.
❹ 쪽파를 얇고 둥글게 썰어 ❸에 넣고 달걀을 넣어 혼합한다.
❺ 끓는 육수에 ❹를 넣고 줄알이 되도록 살짝 저어 준 다음 국간장으로 색깔을 맞추고, 소금으로 간한다.

> **Tip** 줄알 – 달걀을 뭉쳐지지 않게 익히되 너무 저으면 달걀이 부서져 보기에 좋지 않다.

북어콩나물국

재료

50인분

- □ 북어대가리 4개
- □ 황태채 150g
- □ 무 600g
- □ 대파 90g
- □ 청양고추 2개
- □ 콩나물 500g
- □ 부추 80g
- □ 청고추 20g
- □ 홍고추 20g
- □ 팽이버섯 1봉
- □ 느타리버섯 150g
- □ 새송이버섯 150g
- □ 천일염 약간

4인분

북어대가리 1개, 황태채 40g, 무160g, 대파 30g, 청양고추 1개, 콩나물 160g, 부추 40g, 홍고추 10g, 팽이버섯 10g, 느타리버섯 40g, 새송이버섯 40g, 천일염 약간

만드는 방법

① 북어대가리를 하루 전에 물에 담가 10분 정도 끓인 후 체에 내린다.

② 무를 채 썰어 놓는다. 황태채는 2cm 크기로 손질한다.

③ 팽이버섯은 적당한 크기로 썰고, 새송이는 채 썰고 느타리버섯은 먹기 좋은 크기로 찢어 놓는다.

④ 콩나물은 깨끗이 씻어 놓고 홍 · 청고추는 동그랗게 썬다.

⑤ 부추는 3cm 길이로 썬다. 대파는 어슷 썰어 준비한다.

⑥ 육수에 무를 넣어 한 소끔 끓인 후 황태채와 버섯을 넣고 끓인다.

⑦ ⑥에 콩나물을 넣어 끓으면 부추, 팽이버섯, 홍 · 청고추를 넣고 소금을 넣어 간하여 살짝 끓여 낸다.

 Tip 콩나물이 양이 많을 때는 데쳐서 사용하면 양이 덜 줄며 무르지 않는다.

콩가루 배춧국

재료

50인분
- ☐ 배추 1.2kg
- ☐ 국간장 4큰술
- ☐ 소금 조금
- ☐ 날콩가루 2컵
- ☐ 대파 2대
- ☐ 마늘 3큰술
- ☐ 쌀뜨물 24컵
  (멸치 100g,
  다시마 50cm)
- ☐ 된장 6큰술
- ☐ 멸치가루 4큰술

4인분
배추 300g
국간장 1큰술
소금 조금
날콩가루 ½컵
대파 ½대
마늘 2작은술
된장 1.5큰술
쌀뜨물 6컵
(멸치 20g, 다시마 10cm)
멸치가루 1큰술

만드는 방법

❶ 배추는 지저분한 것만 떼어 내고 흐르는 물에 씻어 낸다.

❷ 대파는 어슷 썬다.

❸ 끓는 물에 소금을 넣어 배추를 넣고 살짝 데친 뒤 찬물에 헹군다.

❹ 데친 배추를 물기를 살짝 제거한 뒤 4cm 크기로 썰어 파, 마늘, 국간장에 무친다.

❺ 쌀뜨물에 멸치와 다시마를 넣고 끓인 후 다시마를 건져 내고 그 물에 된장을 체에 내려서 푼 다음 팔팔 끓인다.

❻ ❹에 날콩가루에 버무려 ❺에 넣고 뚜껑을 열고 약한 불에서 끓인 다음, 파를 넣고 살짝 끓인다.

Tip 날콩가루를 끓이기 직전에 버무려 약한불에 끓인다.

건새우 아욱국

재료

50인분
- [ ] 아욱 1.2kg
- [ ] 대파 4대
- [ ] 홍고추 4개
- [ ] 쌀뜨물 24컵
- [ ] 다시마 20cm
- [ ] 마른새우 200g
- [ ] 된장 6큰술
- [ ] 새우가루 4큰술
- [ ] 국간장 약간

4인분
아욱 300g, 대파 1대, 홍고추 1개, 쌀뜨물 6컵, 다시마 10cm, 마른새우 50g, 된장 1.5큰술, 새우가루 1큰술, 국간장 약간

 만드는 방법

❶ 아욱은 줄기를 꺾어 껍질을 벗겨 손질해 깨끗한 물에 두 번 씻는다.

❷ 아욱은 소금을 넣어 바락바락 주물러 푸른 풀물을 뺀 다음 찬물에 깨끗이 헹구어 4cm 길이로 적당히 자른다.

❸ 마른새우는 수염과 다리를 떼고 물에 살짝 헹군다.

❹ 굵은 파와 붉은 고추는 어슷 썬다.

❺ 쌀뜨물에 다시마를 넣고 끓인 후 다시마를 건져내고 된장을 체에 담아 푼 다음 마른새우를 넣고 맛이 우러날 때까지 팔팔 끓인다.

❻ ❺의 국물의 맛이 우러나면 손질한 아욱을 넣고 은근히 끓인다.

❼ ❻에 새우가루, 어슷 썬 파, 고추를 넣고 국간장으로 간한다.

애호박 된장국

재료

50인분
- □ 애호박 800g
- □ 감자 400g
- □ 두부 2모
- □ 대파 4대
- □ 붉은고추 8개
- □ 다진마늘 2큰술

[국물]
- □ 멸치다시국물 24컵
- □ 된장 6큰술
- □ 멸치가루 2큰술
- □ 간장 조금

4인분
애호박 200g, 감자 100g,
두부 ½모, 대파 1대, 붉은
고추2개, 다진마늘 ½큰술
[국물] 멸치다시국물 6컵,
된장 1.5큰술, 멸치가루 ½
큰술, 국간장 조금

 만드는 방법

❶ 깨끗이 씻은 호박을 1cm×1cm×1cm의 주사위 모양으로 썰어 놓는다.

❷ 두부는 1cm×1cm 로 썬다.

❸ 감자는 껍질을 제거한 후 1cm×1cm로 썬다.

❹ 굵은 파는 깨끗이 다듬어 어슷 썰고 붉은 고추는 어슷 썰어서 씨를 제거한다.

❺ 냄비에 분량의 멸치다시국물을 붓고 끓으면 된장을 체에 담아 곱게 푼 후 감자를 넣고 끓인다.

❻ ❺에 애호박을 넣고 끓이다가 두부를 넣고 조금 더 끓인다.

❼ 재료가 거의 익으면 다진 마늘과 멸치가루를 넣고 국간장으로 간을 맞추고 굵은 파와 붉은
고추를 넣어 살짝 끓인다.

시금치 조개 된장국

재료

50인분
- [ ] 시금치 1.2kg
- [ ] 모시조개(바지락) 800g
- [ ] 다시마 30cm
- [ ] 멸치 90g
- [ ] 대파 2뿌리
- [ ] 된장 6큰술
- [ ] 새우가루 4큰술
- [ ] 국간장 약간

4인분
시금치 300g
모시조개(바지락) 200g
다시마 10cm
멸치 30g
대파 ½뿌리
된장 1.5큰술
새우가루 1큰술
국간장 약간

만드는 방법

❶ 시금치를 다듬어 씻어 데쳐 헹군 후, 먹기 좋은 크기로 썬다.

❷ 멸치 내장을 제거하여 냄비에 볶는다.

❸ ❷에 다시마를 넣고 물 7컵을 넣어 끓인다.

❹ 모시조개는 깨끗이 씻어 소금물에 담가 해감을 뺀다.

❺ ❸에 된장을 풀고 끓으면 ❹를 넣고 끓인다.

❻ ❺에 ❶을 넣고 끓인 다음 새우가루와 파를 어슷어슷 썰어 넣고 국간장으로 간한다.

오징어무국

 재료

50인분

- □ 오징어 4마리
- □ 무 1개
- □ 홍고추, 청고추 2개씩
- □ 굵은 파 2대
- □ 미나리 200g
- □ 다진마늘 4큰술
- □ 멸치액젓 4큰술
- □ 레몬즙 4큰술

- □ 국간장 4큰술
- □ 소금,
- □ 후추가루 약간

[육수]
- □ 물 24컵
- □ 다시마 (5cm×5cm) 8조각
- □ 국물용 멸치 100g

4인분
오징어 1마리, 무 0.4개, 홍고추, 청고추 ½개씩, 대파 1대, 미나리 50g, 다진마늘 1큰술, 멸치액젓 1큰술, 레몬즙 1큰술, 국간장 1큰술, 소금, 후추가루 약간

[육수]
물 6컵, 다시마 (5cm×5cm) 2조각, 국물용 멸치 30g

 Tip
1 고추는 잠깐 끓여야 질겨지지 않는다.
2 오징어 껍질을 제거할 때는 종이타월이나 소금을 이용해서 벗기면 수월하다.
3 오징어는 적갈색이나 유백색으로 몸통이 탄력이 있고 광택이 있는 것을 고르도록 한다.

 만드는 방법

❶ 물 6컵에 다시마와 손질한 멸치를 넣고 끓여 멸치 다시마 국물을 만든다.

❷ 오징어는 내장을 떼어 내고 껍질을 벗긴 다음 안쪽에 세로로 칼집을 넣으면서 2cm 폭으로 썰어 놓는다.

❸ ❷를 가로로 칼을 눕혀 칼집을 한 번 넣고 두 번 째 썬다.

❹ 무는 가로 세로 2cm × 2cm로 나박 썰기 한다.

❺ 홍 · 청고추를 채 썰고, 대파는 어슷 썬 다음 미나리는 2cm길이로 썬다.

❻ 손질한 오징어는 레몬즙, 액젓, 마늘을 넣고 잘 섞어 약한 불에서 살짝 볶는다.

❼ 멸치 다시마 국물에 썰어 놓은 무를 20분 정도 끓이다가 볶아 놓은 오징어를 넣고 약한 불에서 끓인다.

❽ 국물맛이 우러나면 고추, 대파, 미나리를 넣고 국간장, 소금, 후추가루로 간을 한다.

삼색 옹심이 미역국

 재료

50인분
- [ ] 쌀가루 200g/새알심 3색
  (백년초가루, 치자가루,
  쑥갓즙 약간)
- [ ] 건미역 50g
- [ ] 멸치육수 5L
- [ ] 마늘 1큰술
- [ ] 멸치액젓 3큰술
- [ ] 국간장 2큰술
- [ ] 참기름 3큰술
- [ ] 홍합가루 3큰술

4인분
쌀가루 50g/새알심 3색(백년
초가루, 치자가루, 쑥갓즙 약
간), 건미역 12g, 멸치육수
1L, 마늘 ½큰술, 멸치 액젓
⅔큰술, 국간장 ½큰술, 참기
름 1큰술, 홍합가루 1큰술

 만드는 방법

1. 쌀가루를 체에 쳐서 소금간을 약하게 해 놓는다.
2. 백년초가루, 치자가루, 쑥갓즙을 만들어 놓는다.
3. 쌀가루를 3등분하여 **2**의 각각의 가루에 끓는 물을 넣고 반죽하여 많이 치댄다.
4. **3**을 0.5~1cm 직경으로 동그랗게 만들어 놓는다.
5. 미역은 물에 불려 적당한 크기로 자른다.
6. 미역과 참기름을 넣어 볶다가 멸치육수를 넣어 푹 끓인 다음 옹심이와 홍합가루를 넣어
   간을 한 후 멸치액젓과 국간장을 넣고 끓이다가 새알심이 떠오르면 불을 끈다.

> **Tip** 1 옹심이 색은 가루로 이용해도 좋고 계절 채소즙을 이용해도 좋다.
> 2 옹심이에 잣을 넣으면 더욱 맛이 난다.   3 미역을 오래 불리면 영양 손실이 있다.

팽이버섯 된장국

재료

50인분
- ☐ 일본된장 8큰술
- ☐ 물 20컵
- ☐ 다시마 20cm
- ☐ 가쓰오부시 20g
- ☐ 팽이버섯 2봉
- ☐ 실파 40g
- ☐ 홍고추 2개
- ☐ 청주 2큰술

4인분
일본된장 1.5큰술, 물 4컵, 다시마 10×10cm, 가쓰오부시 5g, 팽이버섯 ½봉, 실파 10g, 홍고추 1개, 청주 ½큰술

 만드는 방법

① 다시마를 물에 담가 5분간 끓인다.

② ①의 물에 가쓰오부시를 넣고 불을 끄고 20분 후에 체에 내린다.

③ 국물이 끓으면 된장을 넣어 체에 내린다.

④ ③에 청주를 넣어 살짝 끓인다.

⑤ 팽이버섯을 1cm 크기로 썬다.

⑥ 실파는 송송 썰고 홍고추는 둥글게 썬다.

⑦ 그릇에 끓인 국물을 붓고 고명 (실파, 팽이버섯, 홍고추)을 올린다.

Tip
1 모시조개를 넣어 끓이면 더욱 맛이 난다.
2 가쓰오부시의 비린 냄새는 청주를 넣어 제거한다.

육개장

재료

50인분
- [ ] 양지(덩어리) 1.2kg
- [ ] 고사리 250g
- [ ] 삶은 토란대 250g
- [ ] 느타리버섯 300g
- [ ] 숙주나물 200g
- [ ] 대파 1단
- [ ] 다진마늘 5큰술
- [ ] 고춧가루 ½컵
- [ ] 맛기름 6큰술
- [ ] 소금 적당량
- [ ] 국간장 6큰술
- [ ] 물 6L

4인분
양지(덩어리) 300g, 고사리 60g, 삶은 토란대 50g, 느타리버섯 100g, 숙주나물 50g, 대파 3뿌리, 다진마늘 2큰술, 고춧가루 3큰술, 맛기름 3큰술, 소금 약간, 국간장 2큰술, 물 2L

만드는 방법

❶ 양지는 찬물에 담가 핏물을 뺀 다음 끓는 물에 데쳐 흐르는 물에 헹구고 대파와 마늘을 넣고 푹 끓인 다음 고기를 건져 결 반대로 썰어준다.

❷ 팬에 맛기름과 마늘을 넣어 볶다가 고춧가루를 넣어 약불에서 끓여 고추기름을 만든다.

❸ 고사리는 질긴 부분은 제거하고 다듬어 삶아 부드럽게 준비해 둔다.

❹ 토란대도 물에 담가 쓴맛을 빼 낸다.

❺ 숙주와 대파 잎은 끓는 물에 소금을 넣고 데쳐서 적당한 크기로 잘라 놓는다.

❻ 느타리버섯도 데쳐 적당한 두께로 찢는다(국물은 육수로 사용한다).

❼ ❶, ❸, ❹, ❺, ❻에 고추기름과 파, 마늘, 국간장으로 양념하여 준다.

❽ 고기육수에 ❼을 넣고 푹 끓이다가 재료가 충분히 어우러지면 국간장, 소금으로 마지막 간을 한다.

Tip
1 어린이가 먹는 경우에는 고기를 결반대로 썰어주는 것이 좋다.
2 고추기름을 볶을 때 타지 않게 주의한다.
3 토란대는 아릴 경우 쌀 뜨물에 담가 여러번 삶아 헹구어 낸다.

순두부찌개

재료

50인분

- ☐ 순두부 6봉지
- ☐ 바지락 800g
- ☐ 중하새우 400g
- ☐ 팽이버섯 2봉
- ☐ 대파 2개
- ☐ 마늘 2큰술
- ☐ 멸치 다시마 육수 6컵

[양념]

- ☐ 고추가루 3큰술
- ☐ 맛기름 3큰술
- ☐ 다진마늘 2큰술
- ☐ 새우가루 2큰술
- ☐ 새우젓 1큰술
- ☐ 액젓 1큰술
- ☐ 국간장 1큰술
- ☐ 소금 약간
- ☐ 홍 · 청고추 약간

4인분

순두부 1.5봉지(600g), 바지락 200g, 중하새우 100g, 팽이버섯 ½봉, 대파 ½개, 마늘 ½큰술, 멸치 다시마 육수 1.5컵, **[양념]** 고추가루 1큰술, 맛기름 1큰술, 다진마늘 ½큰술, 새우가루 ½큰술, 새우젓 ⅓작은술, 액젓 ⅓작은술, 국간장 ⅓작은술, 소금 약간, 홍 · 청고추 약간

만드는 방법

❶ 다진 마늘을 맛기름에 볶다가 고춧가루를 넣고 볶는다.

❷ ❶에 육수를 넣고 끓으면 바지락과 새우를 넣고 끓인다.

❸ 대파, 홍 · 청고추는 어슷 썰고 팽이버섯은 1cm 크기로 썬다.

❹ ❷에 순두부를 넣은 다음 파와 마늘을 넣고 끓인 후 액젓, 새우젓, 국간장, 소금으로 간한다.

❺ 팽이버섯, 홍 · 청고추를 고명으로 올린다.

Tip

1 고추기름을 만들 때는 낮은 온도에서 은근히 끓여야 맛있다.

2 순두부는 수분이 많으므로 국물 양을 적게 넣고 끓인다.

두부 들깨탕

재료

50인분
- [ ] 두부 1.2kg
- [ ] 부추 8큰술
- [ ] 들깨가루 2.5컵
- [ ] 국간장 6큰술
- [ ] 소금 약간
- [ ] 육수 20컵(멸치 30g,
      다시마 15cm, 물 22컵)

4인분
두부 300g
부추 2큰술
들깨가루 10큰술
국간장 1.5큰술
소금 약간
육수 4컵(멸치 10g,
다시마 5cm, 물 5컵)

만드는 방법

❶ 멸치는 내장을 제거하여 팬에 살짝 볶는다.

❷ 멸치, 다시마, 물 5컵 넣고 끓으면 5분간 더 끓여 체에 내린다.

❸ 두부를 1cm로 깍둑썰기하여 ❷에 넣고 끓인다.

❹ ❸에 들깨가루를 넣고 국간장, 소금으로 간한다.

❺ ❹에 부추를 0.5cm로 썰어 넣는다.

> **Tip**
> 1 멸치를 다듬어 기름 없이 팬에 볶으면 비린내가 덜 난다.
> 2 두부를 넣고 오래 끓이면 두부가 단단해진다.

등뼈(돼지갈비)감자탕

재료

50인분

☐ 돼지갈비 4kg   ☐ 대파 3뿌리
☐ 감자 800g   ☐ 들깨가루 1컵
☐ 얼갈이배추 2kg   ☐ 생강 20g
☐ 된장 6큰술   ☐ 표고버섯 가루 4큰술
☐ 국간장 6큰술   ☐ 황태가루 4큰술
☐ 깻잎순 20g   ☐ 마늘 9큰술
☐ 소금 약간   ☐ 청주 6큰술
☐ 고춧가루 4큰술

4인분

돼지갈비 1kg, 감자 200g, 얼갈이배추 800g, 된장 2큰술, 국간장 2큰술, 깻잎순 8g, 소금 약간, 고춧가루 2큰술, 대파 1뿌리, 들깨가루 4큰술, 생강 10g, 표고버섯 가루 1큰술, 황태가루 1큰술, 마늘 3큰술, 청주 2큰술

 만드는 방법

❶ 돼지갈비를 깨끗하게 세척한 후 2시간 정도 흐르는 물에 담가 핏물을 뺀 다음 끓는 물에 된장 1큰술을 풀어 갈비를 데쳐 헹군다.

❷ 파 ½개, 마늘 3쪽과 청주를 넣어 재료의 4배에 해당하는 물을 넣고 2시간 정도 갈비를 푹 끓인다.

❸ 얼갈이는 소금을 넣고 데쳐 썰어 파 1큰술, 마늘 1큰술, 국간장, 된장, 고추가루로 양념을 한다.

❹ 감자는 씻어 껍질을 벗겨 소금을 넣고 삶는다.

❺ ❷에 ❸을 넣어 푹 끓이다가 감자를 넣고 황태가루, 표고버섯 가루, 파, 마늘, 생강과 국간장을 넣어 끓인다.

❻ 마지막에 깻잎순, 들깨가루 등을 넣어 끓여낸다.

Tip 감자를 삶지 않고 끓이면 맛이 깔끔하다.

소고기무국

재료

50인분
- [ ] 양지 1kg
- [ ] 무 1kg
- [ ] 파 2뿌리
- [ ] 마늘 6쪽
- [ ] 홍고추 2개
- [ ] 국간장 4큰술
- [ ] 소금 약간

4인분
양지 200g
무 200g
파 1뿌리
마늘 3쪽
홍고추 ½개
국간장 1큰술
소금 약간

 만드는 방법

① 양지를 2시간 핏물을 뺀다.

② 양지에 파, 마늘, 물을 붓고 센불에서 끓으면 거품을 제거하면서 약한 불에서 2시간 끓인다.

③ 양지는 먹기 좋은 크기로 썰고, 국물을 식혀 체에 면포를 펴놓고 내려 기름을 제거한다.

④ 양지국물에 2cm×2cm×0.2cm로 썬 무를 넣어 끓이다가 국간장, 소금으로 넣어 간을 한 다음 홍고추와 파를 넣어 한소끔 끓인 다음 그릇에 담는다. 무는 2cm×2cm×0.2cm로 썰어 끓는 물에 살짝 데쳐서 ③을 넣고 끓이다가 국간장, 소금을 넣고 끓여 그릇에 담는다.

나박김치

재료

50인분
- ☐ 배추 1통(2kg)
- ☐ 무 1개
- ☐ 쪽파 200g
- ☐ 미나리 200g

[국물재료]
- ☐ 빨강 파프리카 4개
  (홍고추 200g)
- ☐ 양파 200g
- ☐ 사과 200g
- ☐ 배 300g
- ☐ 무 500g
- ☐ 마늘 50g
- ☐ 생강 20g
- ☐ 굵은소금 적당량
- ☐ 사과 발효액 ½컵
- ☐ 다시마 육수 4L(다시마 10cm,
  물 4.5L, 새우젓 30g)

 만드는 방법

❶ 배추와 무는 씻어 1cm×1cm×0.2cm 크기로 썰어 소금에 절인다.

❷ 미나리, 쪽파는 1cm 크기로 썬다.

❸ 육수는 분량의 다시마와 물을 넣어 5분간 끓이다가 새우젓을 넣어 살짝 끓여 체에 내린다.

❹ 분량의 국물재료를 적당한 크기로 썰어 다시마 육수 2컵 정도를 넣어가며 믹서기에 갈아
체에 내린 후 나머지 육수를 넣어 섞어 소금으로 간한다.

❺ ❶, ❷를 혼합하여 ❹의 국물과 사과 발효액을 넣어 잘 섞어 통에 담아 익힌다.

Tip 1. 어린이용은 파프리카로 국물 색을 내고 어른용은 홍고추를 이용해도 좋다.
2. 국물에 새우젓을 조금 넣고 살짝 끓이면 시원한 맛을 더 할 수 있다.

배추김치

 재료

50인분

- ☐ 배추 2포기
- ☐ 굵은소금 2컵
- ☐ 무 1개
- ☐ 쪽파 50g
- ☐ 미나리 100g
- ☐ 갓 100g

- ☐ 마늘 2통
- ☐ 대파 2뿌리
- ☐ 생강 20g
- ☐ 새우젓 ¼컵
- ☐ 멸치액젓 ¼컵
- ☐ 고춧가루 1컵(건고추 80g)

- ☐ 절임용 굵은소금 2컵
- ☐ 사과 발효액 4큰술
- ☐ 양파 ½개
- ☐ 육수 1컵(소뼈육수 또는 북어 멸치 다시마 육수)
- ☐ 쌀밥 ⅓컵
- ☐ 멸치가루 2큰술

> **Tip**
> 1 찹쌀풀에는 소뼈 육수를 사용하면 좋다.
> 2 김치는 저온에서(3~6도) 익히는 것이 좋다.
> 3 성인용은 고춧가루 2컵이 적당하다.
> 4 봄, 여름에는 건고추를 갈아서 하고 가을에는 고춧가루를 사용하면 좋다.

 만드는 방법

① 배추를 4등분하여 굵은소금에 절여 놓는다.(6~8시간)

② 절인 배추를 깨끗이 씻어 소쿠리에 담아 수분을 뺀다.

③ 무는 씻어 4cm로 채썬다.

④ 쪽파, 미나리, 갓을 4cm 길이로 썰어 놓는다.

⑤ 사과 발효액 육수를 넣고 건고추를 손질하여 불려서 양파를 썰어 넣고 믹서기에 갈다가 밥을 넣고 갈아 놓는다.

⑥ ⑤에 멸치가루, 대파, 마늘, 생강, 새우젓을 곱게 다져 놓는다.

⑦ 무에 ⑥과 양념을 넣고 버무리다가 ④를 넣고 소금으로 간하여 소를 만든다.

⑧ 절인 배추줄기 사이에 소를 넣어 항아리에 꼭꼭 눌러 담아 익힌다.

백김치

 재료

50인분

- ☐ 배추 2통
- ☐ 절임용 굵은소금 2컵

[소 만들기 재료]
- ☐ 무 1kg
- ☐ 미나리 200g
- ☐ 홍피망 4개(홍고추)
- ☐ 쪽파 100g

- ☐ 갓 200g
- ☐ 잣 2큰술
- ☐ 대추 10개

[국물재료]
- ☐ 양파 ½개
- ☐ 사과 ½개
- ☐ 배 ½개

- ☐ 무 ½개
- ☐ 마늘 2통
- ☐ 생강 20g
- ☐ 물 10컵
- ☐ 다시마 10cm
- ☐ 사과 발효액 ⅓컵
- ☐ 굵은소금 적당량

Tip 오래두고 먹는 김치는 배, 사과 , 양파를 즙을 내지 않고 통으로 칼집으로 넣어 생수에 소금 간하여 국물을 만든다.

 만드는 방법

① 배추를 4등분하여 소금에 6시간 절여 씻어 소쿠리에 담아 수분을 뺀다.

② 무는 4cm 채썰고 미나리, 갓, 쪽파를 4cm로 썬다.

③ 홍피망을 포를 떠서 곱게 채썬 다음 ②를 넣고 소금으로 간한다.

④ 대추 씨를 제거하여 채 썰고 잣과 같이 ③에 넣어 소를 만든다.

⑤ 절인 배추 줄기 사이에 ④를 넣고 배추로 감싸서 항아리에 담는다.

⑥ 다시마에 물을 붓고 5분간 끓여 체에 내린다.

⑦ 양파, 사과, 배, 무, 마늘, 생강을 믹서기에 갈아 면 자루에 ⑥와 같이 넣어 짜서 사과 발효액과 소금으로 간하고 항아리에 붓는다.

깍두기

 재료

50인분
- ☐ 무 2kg
- ☐ 갓 2포기
- ☐ 쪽파 100g
- ☐ 미나리 100g
- ☐ 소금 20g

[양념]
- ☐ 다진 마늘 50g
- ☐ 대파 1뿌리 다진 것
- ☐ 다진 생강 5g
- ☐ 고춧가루 40g
- ☐ 요구르트 1병

- ☐ 새우젓 20g
- ☐ 멸치액젓 15cc
- ☐ 사과 발효액 100g
- ☐ 찹쌀풀 ½컵(육수 ½컵, 찹쌀가루 30g)

 만드는 방법

① 무를 1cm 크기로 깍둑 썰어 소금물에 1시간 절이고 국물을 따라 낸다.

② 쪽파와 미나리, 갓을 다듬어 씻어 1cm 크기로 썰어준다.

③ 고추가루에 멸치액젓, 요구르트를 넣고 새우젓, 파, 마늘, 생강을 넣고 찹쌀풀과 사과 발효
   액을 넣고 버무려 양념장을 만든다.

④ 절인 무에 ③의 양념장을 넣고 버무리다가 ②의 미나리, 쪽파, 갓을 넣고 버무려 소금으로 간
   을 맞춘다.

총각김치

 재료

50인분
- □ 총각무 2kg
- □ 굵은소금 (절임용)1컵
- □ 쪽파 100g
- □ 갓 100g
- □ 대파 1대

[양념소스]
- □ 마늘 2통(50g), 생강 20g
- □ 새우젓 3큰술, 멸치액젓 3큰술
- □ 고춧가루 ½컵(건고추 40g)
- □ 사과 발효액 3큰술
- □ 요구르트 1병(60cc)

[밀가루풀]
- □ ½컵(육수 1컵에 밀가루 2큰술)
- □ 굵은소금 적당량

 만드는 방법

❶ 총각무는 다듬어 깨끗이 씻어 굵은소금으로 1시간 절여 한번 씻어 건져 물기를 빼놓는다.

❷ 쪽파, 갓은 다듬어 깨끗이 씻고 3cm길이로 썰어 놓는다.

❸ 북어대가리를 씻어 물1컵반을 넣고 하룻밤 담가 놓는다.

❹ 멸치는 내장을 빼고 마른 팬에 볶아 다시마, 표고버섯, ❸을 넣고 10분 정도 끓여 체에 내린다.

❺ ❹에 밀가루를 넣어 풀을 끓여 식힌다.

❻ ❺에 요구르트와 사과 발효액, 액젓을 넣고 건고추를 불려 분쇄기에 갈아 놓는다.

❼ 새우젓, 파, 마늘, 생강을 곱게 다져 놓는다.

❽ 넓은 볼에 총각무를 담고 ❻, ❼을 넣고 버무리다가 갓, 실파를 넣어 버무리고 밀가루 풀을 넣고 소금으로 간한다.

❾ 적당한 항아리에 3~4개씩 묶어 담고 꼭꼭 눌러 익힌다.

Tip 1 안 익은 것도 맛있고 익으면 더 맛있는 총각김치가 된다.

2 봄, 여름에는 건고추를 다시국물과 요구르트, 생강, 마늘, 양파를 넣고 믹서기에 갈아 양념으로 사용한다.

양배추물김치

재료

50인분
- □ 양배추 2kg
- □ 적채 100g
- □ 오이 2개

[국물재료]
- □ 양파 300g
- □ 사과 300g
- □ 무 700g
- □ 배 300g
- □ 마늘 50g
- □ 생강 20g
- □ 물 3000cc
- □ 굵은소금 적당량
- □ 사과 발효액 1컵

만드는 방법

❶ 양배추는 씻어 1cm×1cm 크기로 썰어 소금에 절인다.

❷ 적채는 1m×1cm 크기로 썬다.

❸ 분량의 국물재료를 적당한 크기로 썰어 믹서기에 소금을 넣고 갈아 체나 면포로 거른다.
   (소금을 넣고 갈아야 사과의 갈변을 방지할 수 있다.)

❹ ❸에 소금으로 간하여 국물을 만든다.

❺ ❶, ❷에 ❹의 국물을 부어 통에 담아 익힌다.

❻ 물김치가 익어 먹을 때마다 오이를 1m×1cm 크기로 썰어 섞어낸다.

돼지고기장조림

재료

50인분
- [ ] 돼지고기(안심) 1.2kg
- [ ] 육수 4컵(생강,
  다시마 약간,
  대파 2뿌리)
- [ ] 메추리알 100개
- [ ] 꽈리고추 50개
- [ ] 맛간장 2컵
- [ ] 청주 8큰술
- [ ] 복숭아 발효액(또는 조청)
  4큰술
- [ ] 마늘 200g

4인분
돼지고기(안심) 300g, 육수
2컵(생강, 다시마 약간, 대파
½뿌리), 메추리알 10개, 꽈
리고추 10개, 맛간장 ½컵,
청주 2큰술, 복숭아 발효액
(또는 조청) 1큰술, 마늘 50g

 만드는 방법

❶ 돼지고기를 5cm 크기로 썰어 끓는 물에 데친다.

❷ 다시마, 대파에 물 4컵을 넣고 육수를 2컵 정도 되게 끓여 체에 내려 만든다.

❸ ❷에 돼지고기를 넣고 끓이다가 익으면 맛간장, 메추리알, 복숭아 발효액, 청주를 넣고 졸인다.

❹ 마늘은 통으로 ❸에 넣고 졸인다.

❺ 꽈리 고추는 칼집을 넣고 ❹에 넣어 조린 다음 돼지고기는 먹기 좋은 크기로 찢는다.

Tip 돼지고기가 익은 후에 간장을 넣어야 고기가 부드럽다.

닭고기 버섯 견과류 조림

50인분

- ☐ 닭고기 가슴살 800g
- ☐ 새송이버섯 4개
- ☐ 마른표고버섯 12장
- ☐ 생땅콩 2컵
- ☐ 호두 1컵
- ☐ 잣 ½컵
- ☐ 맛기름 3큰술
- ☐ 물 1컵
- ☐ 다시마 20cm
- ☐ 홍 · 청고추1개

[조림장]
- ☐ 맛간장 1컵
- ☐ 조청 3큰술
- ☐ 청주 6큰술
- ☐ 꿀 3큰술
- ☐ 매실 발효액 3큰술
- ☐ 계피가루 1작은술
- ☐ 다시마 10cm
- ☐ 참기름 약간

4인분

닭고기 가슴살 200g, 새송이버섯 1개, 마른표고버섯 3장, 생땅콩 ½컵, 호두 ⅓컵, 잣 2큰술, 맛기름 2큰술, 물 1컵, 다시마 5cm. 홍고추, 청고추 ½개 **[조림장]** 맛간장 4큰술, 조청 1큰술, 청주 2큰술, 꿀 1큰술, 매실 발효액 1큰술, 계피가루 약간, 다시마 5cm, 참기름 약간

Tip 견과류는 단체급식에서 알레르기 반응이 있을 수 있으므로 주의한다(특히, 생후 12개월 전에는 사용하지 않도록 한다).

 만드는 방법

❶ 표고를 씻어서 물 1컵을 넣고 불려 은행잎 썰기 한다.

❷ 표고 불린 물에 다시마를 넣고 5분간 끓여 건져낸다.

❸ 새송이버섯은 먹기 좋은 크기로 썰어 놓는다.

❹ 홍고추, 청고추는 둥글게 썰어 씨를 제거한다.

❺ 호두, 땅콩은 각각 데쳐서 씻어서 떫은 맛을 제거한다.

❻ 닭고기는 먹기 좋은 크기로 썰고 데친 다음 팬에 맛기름 1큰술을 넣고 볶는다.

❼ ❷에 맛간장, 조청, 청주를 넣고 끓으면 닭고기를 넣어 조리다가 국물이 반으로 줄면 ❶, ❸, ❺를 넣고 조려서 국물이 자작할 때 ❹를 넣고 매실 발효액, 꿀, 잣, 계피가루를 넣어 저어주며 혼합한다.

Tip

1 고기는 단백질은 풍부하지만 비타민, 무기질, 필수지방이 부족하기 때문에 버섯과 견과류를 넣어주면 보완이 된다.

2 닭고기는 맛기름에 볶아주면 고소함과 부드러움이 증가된다.

3 계피가루는 취향에 따라 사용한다.

4 닭고기 없이 조리 하여도 밑반찬으로 손색이 없다.

돼지고기 밤조림

재료

50인분
- [ ] 돼지고기 (다짐육)2kg
- [ ] 밤 100개
- [ ] 녹말

[고기양념]
- [ ] 맛간장 5큰술
- [ ] 참기름 5큰술
- [ ] 다진파 4큰술
- [ ] 다진마늘 4큰술
- [ ] 깨소금 4큰술
- [ ] 후추 약간

[조림장]
- [ ] 조청 1컵
- [ ] 맛간장 10큰술
- [ ] 청주 1과 ¼컵
- [ ] 물 1컵

4인분
돼지고기 (다짐육)400g, 밤 20개, 녹말
[고기양념] 맛간장 1큰술, 참기름 1큰술, 다진파 1큰술, 다진마늘 ½큰술, 깨소금 1큰술, 후추
[조림장] 조청 4큰술, 맛간장 2큰술, 청주 4큰술, 물 3큰술

만드는 방법

❶ 돼지고기는 핏물을 제거하여 양념하여 고루 치댄다.

❷ 밤은 물에 살짝 삶아 건져 2등분한다.

❸ 밤에 녹말을 바르고 돼지고기로 얇게 감싸 모양을 만든다.

❹ 팬에 기름을 넉넉히 두르고 ❸을 고루 익힌다.

❺ 팬에 조청, 청주, 맛간장, 물을 넣어 끓어오르면 ❹를 넣어 윤기나게 조려 완성한다.

깻잎 조림

재료

50인분
- ☐ 깻잎 100장
- ☐ 당근 100g
- ☐ 양파 1개
- ☐ 파 4큰술
- ☐ 마늘 2큰술
- ☐ 참기름 2큰술
- ☐ 참깨 4큰술
- ☐ 맛간장 2큰술
- ☐ 멸치육수 8큰술
- ☐ 멸치가루 4큰술
- ☐ 맛기름 ½큰술
- ☐ 홍 · 청고추 2개

4인분
깻잎 30장, 당근 20g, 양파 20g, 파 1큰술, 마늘 ½큰술, 참기름 1큰술, 참깨 1큰술, 맛간장 ½큰술, 멸치육수 2큰술, 멸치가루 1큰술, 맛기름 ½큰술, 홍 · 청고추 ½개

 만드는 방법

❶ 깻잎은 깨끗이 씻어 물기를 제거한다.
❷ 당근, 양파는 곱게 채 썬다.
❸ 홍 · 청고추는 채 썰거나 0.3cm×0.3cm로 다진다.
❹ 멸치육수에 파, 마늘, 참기름, 맛간장, 맛기름, 멸치가루, 깨소금을 넣고 양념장을 만든다.
❺ 깻잎 위에 켜켜이 양념장을 끼얹어 졸인다.

돼지고기 채소말이 조림

 재료

50인분
- ☐ 돼지고기 1kg
   (청주 3큰술, 생강즙
   1큰술, 후추 약간)
- ☐ 시금치 300g
- ☐ 당근 150g
- ☐ 우엉 300g
- ☐ 밀가루 9큰술
- ☐ 맛기름 1큰술
- ☐ 소금, 참기름 약간씩

[조림양념]
- ☐ 맛간장 6큰술
- ☐ 조청 3큰술
- ☐ 청주 6큰술
- ☐ 육수 (야채육수)

[우엉 양념장]
- ☐ 맛간장 3큰술
- ☐ 조청 1큰술
- ☐ 맛기름 1큰술

4인분
돼지고기 300g(청주 1큰술, 생강즙 1작은술, 후추 약간) 시금치 100g, 당근 50g, 우엉 100g, 밀가루 3큰술, 맛기름 ½큰술, 소금, 참기름 약간씩 **[조림양념]** 맛간장 2큰술, 조청 1큰술, 청주 2큰술, 육수 (야채육수) 4큰술 **[우엉 양념장]** 맛간장 1큰술, 조청 ½큰술, 맛기름 ½큰술

Tip
1. 돼지고기 ❺, ❻을 지지는 대신 산적꼬치로 고정 시켜도 된다.
2. 돼지고기 채소말이에 밀가루, 달걀, 빵가루를 묻혀서 기름에 튀겨주면 간식으로 좋다.

만드는 방법

❶ 돼지고기를 청주, 생강즙, 후추 약간에 재운다.
❷ 시금치를 데쳐서 소금과 참기름에 무친다.
❸ 당근은 5cm로 채 썰어서 맛기름에 볶는다.
❹ 우엉은 5cm로 채썰어서 맛기름에 볶다가 우엉 양념장에 졸인다.
❺ 돼지고기에 밀가루를 뿌린 다음 ❷, ❸을 넣고 말아서 팬에 지진다.
❻ 돼지고기에 밀가루를 뿌린 다음 ❹를 넣고 말아서 팬에 지진다.
❼ 양념장에 ❺와 ❻을 조린 다음 모양 있게 썰어서 접시에 담는다.

우엉 소고기 조림

재료

50인분
- ☐ 우엉 800g
- ☐ 소고기(홍두깨살) 400g
- ☐ 맛간장 12큰술
- ☐ 청주 8큰술
- ☐ 조청 8큰술
- ☐ 맛기름 4큰술
- ☐ 다시마 육수 2컵
- ☐ 통깨 4큰술
- ☐ 참기름 2큰술

4인분
우엉 200g
소고기(홍두깨살) 100g
맛간장 3큰술
청주 2큰술
조청 2큰술
맛기름 2큰술
다시마 육수 1컵
통깨 1큰술
참기름 ½큰술

 만드는 방법

① 소고기는 4cm×0.3cm×0.3cm로 채 썬다.
② 우엉은 4cm×0.3cm×0.3cm로 채 썬다.
③ 팬에 맛기름을 넣고 우엉을 볶다가 소고기를 넣고 볶는다.
④ ❸에 청주, 다시마 육수를 넣고 끓이다가 ⅓로 졸여지면 맛간장, 조청을 넣고 졸인다.
⑤ 국물이 없어지면 참기름, 통깨를 넣는다.

Tip 소고기를 넣고 우엉조림을 할 경우 간장이 먼저 들어가면 고기가 질기고 단단해진다.

두부조림

재료

50인분
- □ 두부 4모
- □ 물(멸치육수) 3컵
- □ 소금 약간
- □ 후춧가루 약간
- □ 맛기름 적당량

[양념장]
- □ 맛간장 4큰술
- □ 파 4큰술
- □ 마늘 2큰술
- □ 참기름 2큰술

- □ 조청 3큰술
- □ 깨소금 2큰술
- □ 볶음멸치가루 2큰술
- □ 다시마가루 1큰술

4인분
두부 1모, 물(멸치육수) ⅔컵. 소금 약간, 후춧가루 약간, 맛기름 적당량 **[양념장]** 맛간장 1큰술, 파 1큰술, 마늘 ½큰술, 참기름 ½큰술, 조청 1큰술, 깨소금 ½큰술, 볶음멸치가루 ½큰술, 다시마가루 1작은술

만드는 방법

① 두부를 3cm×4.5cm×0.8cm로 썰어 면포로 수분을 제거한 다음 소금, 후추에 재운다.

② ①을 팬에 맛기름을 넣고 노릇노릇하게 지진 다음 냄비에 담는다.

③ 양념장을 만들어 ②에 얹고 물을 부은 다음 졸인다.

④ 국물이 자작해지면 파채를 얹어 살짝 익혀 완성한다.

Tip
1 두부에 녹말가루를 묻히면 부드럽고 맛있다.
2 멸치가루와 다시마가루를 사용하면 두부에 부족한 칼슘, 요오드 등 무기질을 많이 섭취할 수 있어 성장기 어린이에게 도움이 된다.

땅콩 호두 조림

재료

50인분
- [ ] 땅콩 2와 ⅓컵
- [ ] 호두 1컵
- [ ] 잣 ½컵
- [ ] 맛간장 6큰술
- [ ] 조청 3큰술
- [ ] 육수 2컵

[육수재료]
- [ ] 다시마 10cm
- [ ] 건고추 2개
- [ ] 파 ½뿌리
- [ ] 마늘 3쪽
- [ ] 물 4컵

 만드는 방법

① 땅콩, 호두를 물에 씻어서 끓는 물에 데친다.

② 물 4컵에 육수 재료를 넣고 2컵이 되도록 끓여서 체에 내린다.

③ 땅콩에 맛간장, 조청, 육수를 넣고 조린 다음 호두, 잣을 넣고 졸인다.

> **Tip**
> 1 같은 방법으로 땅콩만 조려도 된다.
> 2 호두와 땅콩은 데쳐야 떫은 맛이 제거되고, 껍질을 벗기지 않는 것이 영양 손실이 적다.
> 3 견과류는 단체급식에서 알레르기 반응이 있을 수 있으므로 주의한다(특히, 생후 12개월 전에는 사용하지 않도록 한다).

우엉조림

재료

50인분
- ☐ 우엉 1kg
- ☐ 맛간장 10큰술
- ☐ 조청 2큰술
- ☐ 맛기름 3큰술
- ☐ 다시마국물 3컵
- ☐ 통깨 4큰술
- ☐ 참기름 1큰술

4인분
우엉 200g
맛간장 2큰술
조청 ½큰술
맛기름 1큰술
다시마국물 1컵
통깨 1큰술
참기름 약간

만드는 방법

❶ 우엉은 칼등으로 껍질을 벗긴 후 채 썰어 놓는다.

❷ ❶에 맛기름을 넣고 볶다가 다시국물, 맛간장, 조청을 넣고 졸인다.

❸ ❷에 참기름을 넣고 조린 다음 통깨를 넣는다.

 우엉은 식초물에 담그면 맛이 덜하므로 바로 채 썰어 사용하는 것이 좋다.

명태 메추리알 조림

재료

50인분
- ☐ 명태 8마리
- ☐ 메추리알 100개
- ☐ 청·홍고추 4개
- ☐ 마늘 16쪽
- ☐ 대파 2뿌리
- ☐ 생강 1쪽

[양념장]
- ☐ 맛간장 20큰술
- ☐ 맛기름 4큰술
- ☐ 참기름 2큰술
- ☐ 후춧가루 약간
- ☐ 통깨 2큰술
- ☐ 육수 10컵
  (명태머리,
  다시마 20cm,
  건고추 10개)

4인분
명태 2마리(손질한 명태 500g), 메추리알 10개, 청, 홍고추 1개, 마늘 4쪽, 대파 ½뿌리, 생강 1쪽
[양념장] 맛간장 5큰술, 맛기름 2큰술, 참기름 1큰술, 후춧가루 약간, 통깨 ½큰술, 육수 5컵(명태머리, 다시마 5cm, 건고추 2개)

 만드는 방법

❶ 명태 비늘과 지느러미를 떼어내고 깨끗이 씻고 대가리의 아가미를 제거하여 잘 씻은 후 적당한 크기로 자른다.
❷ 물 5컵에 명태대가리, 다시마, 건고추를 넣고 10분간 끓여서 체에 내린다.
❸ 메추리알을 삶아 껍질을 벗긴다.
❹ 명태대가리를 이용한 육수에 맛간장, 후추가루, 맛기름을 넣어 끓으면 손질한 명태와 메추리알을 넣는다.
❺ 생강, 마늘, 파를 편 썰기 한다.
❻ 홍고추는 어슷 썰어서 씨를 제거한다.
❼ ❹의 국물이 2~3큰술 정도가 되면 ❺, ❻을 넣고 국물이 자작해지면 참기름, 통깨를 넣는다.

Tip 육수를 명태가 잠길 만큼 부어주고 중불 또는 약불에서 오래 끓이면 부드러우면서 꼬들꼬들해져 식감이 좋아진다.

연근조림

재료

50인분

☐ 연근 800g
☐ 식초 2큰술
☐ 물 3컵
☐ 맛간장 8큰술
☐ 다시마 육수 2컵
☐ 참기름 2큰술
☐ 맛기름 2큰술
☐ 청주 4큰술
☐ 조청 4큰술

4인분
연근 200g
식초 ½큰술
물 1.5컵
맛간장 2큰술
다시마 육수 1컵
참기름 1큰술
맛기름 1큰술
청주 1큰술
조청 1큰술

 만드는 방법

① 연근 껍질을 벗긴 다음 0.3 cm 두께로 썰어 놓는다.

② 물 1과 ½컵을 끓이다가 식초 ½큰술을 넣고 연근을 데친다.

③ 다시마 10cm를 넣고 다시국물을 끓인다.

④ 연근을 맛기름에 볶다가 다시마 육수, 맛간장, 청주, 조청을 넣고 졸인다.

⑤ ④의 국물이 졸면 참기름을 넣고 센 불에서 저어가면서 윤이 나게 졸인다.

흰콩 오색 조림

재료

50인분
- ☐ 흰콩 2컵
- ☐ 당근 100g
- ☐ 표고 10개
- ☐ 꽈리고추 10개
- ☐ 호두 1컵
- ☐ 다시마 20cm
- ☐ 잔멸치 1컵
- ☐ 맛기름 2큰술
- ☐ 맛간장 12큰술
- ☐ 조청 2큰술
- ☐ 참기름 2큰술
- ☐ 청주 2큰술
- ☐ 통깨 4큰술

4인분
흰콩 1컵, 당근 50g, 표고 5개, 꽈리고추 5개, 호두 ½컵, 다시마 10cm, 잔멸치 ½컵, 맛기름 1큰술, 맛간장 6큰술, 조청 1큰술, 참기름 1큰술, 청주 1큰술, 통깨 2큰술

만드는 방법

❶ 다시마에 물 2컵을 넣고 5분간 끓여 체에 내려 식힌다.

❷ 콩을 깨끗이 씻어서 다시국물 1과 ½ 컵을 넣고 30분간 불린다.

❸ 표고버섯, 당근을 1cm 크기로 깍둑썰기 한다.

❹ 다시마, 꽈리고추는 각각 1cm 크기로 썰어 넣는다.

❺ 호두를 끓는 물에 데쳐서 1cm 크기로 자른다.

❻ 잔멸치는 잡티를 제거하고 굵은 체에 내려서 멸치가루를 제거하고 맛기름에 볶는다.

❼ 불린 콩을 넣어 익을 때까지 끓인 다음, 맛간장, 조청, 청주를 넣고 졸인다.

❽ ❼에 당근을 넣고 조리다가 익으면 표고, 호두, 다시마를 넣고 졸인다.

❾ ❽에 국물이 조금 있을 때 꽈리고추를 넣고 조리다가 멸치와 참기름을 넣고 살짝 조려 통깨를 뿌린다.

Tip
1 다시마 국물을 이용하여 콩조림을 하면 맛도 있고, 콩에 부족한 요오드를 흡수할 수 있어 좋다.
2 콩에 물을 많이 넣고 오래 졸이면 영양손실과 맛이 떨어진다.
3 표고는 나중에 넣어 살짝 익혀야 짜지 않다.
4 콩이 익기 전에 간장이나 조청을 넣으면 콩이 딱딱해진다.
5 멸치를 볶지 않고 사용하면 비린 맛이 난다.

코다리조림

재료

50인분
- [ ] 코다리 8마리
- [ ] 맛기름 6큰술
- [ ] 육수(또는 물) 6큰술

[양념장]
- [ ] 맛간장 1.5컵
- [ ] 조청 6큰술
- [ ] 청주 6큰술
- [ ] 다진파 1컵
- [ ] 다진마늘 ½컵
- [ ] 생강 약간
- [ ] 깨소금 3큰술
- [ ] 참기름 4큰술

4인분
코다리 2마리, 맛기름 2큰술, 육수(또는 물) 3큰술
[양념장] 맛간장 3큰술, 조청 1.5큰술, 청주 1.5큰술, 다진파 2큰술, 다진마늘 1큰술, 생강 약간, 깨소금 ½큰술, 참기름 1큰술

Tip 코다리의 효능

단백질이 56%나 되는 건강식(지방함량 2%)으로 현대인의 공해에 찌든 독을 해독하고 과음과 피로한 간을 보호해 주는 메타오닌 등 아미노산이 풍부하며 농약이 잔류하는 음식물 섭취를 통한 각종 암과 난치병을 완화시키는 건강식품으로 동의보감에 기재되어 있다.

부들부들하게 씹히는 부드러운 맛에 담백하고 고소함까지 갖고 있어 '맛'만으로도 인기가 높다. 콜레스테롤은 거의 없으면서 단백질 성분을 다량 함유하고 있고, 간기능을 강화하는 성분 역시 풍부하게 담고 있어 신진대사를 활성화 시켜주면서 머리를 맑게 해주는 효과를 가진 건강식품으로도 널리 알려져 있다.

 만드는 방법

1. 물에 살짝 불려서 지느러미와 뼈를 손질하여 등에 칼집을 넣고 적당한 크기로 자른다.
2. 양념장을 만든다.
3. 냄비에 맛기름을 넣고 **1**을 편 다음 양념장을 얹어 육수를 붓고 끓어오르면 약한불로 은근히 졸인다.
4. **3**에 홍고추, 파잎을 1cm 길이로 곱게 채썰어 얹어 뜸 들인다.

소고기 메추리알 장조림

재료

50인분
- [ ] 소고기홍두깨살 1.2kg
- [ ] 메추리알 100개
- [ ] 꽈리고추 200g
- [ ] 맛간장 2컵
- [ ] 청주 4큰술
- [ ] 마늘 20알

[육수]
- [ ] 물 8컵
- [ ] 배 ½개
- [ ] 대파 2 뿌리
- [ ] 마늘 10쪽
- [ ] 건고추 6개
- [ ] 양파 1개
- [ ] 다시마 약간

4인분
소고기홍두깨살 300g, 메추리알 20개, 꽈리고추 50g, 맛간장 ½컵, 청주 1큰술, 마늘 5알 **[육수]** 물 4컵, 배 ⅛개, 대파 한 뿌리, 마늘 3쪽, 건고추 3개, 양파 ¼개, 다시마 약간

 만드는 방법

❶ 홍두깨살은 핏물을 빼고 3cm×3cm×5cm 크기로 썰어준다.

❷ 육수물에 홍두깨살이 잠길정도로 넣어 고기가 익을 때까지 은근한 불에서 끓인다.

❸ 맛간장, 마늘, 메추리알, 청주를 넣고 졸인다.

❹ ❸에 꽈리고추를 넣고 조려 고기를 결대로 찢어준다.

Tip 재료에 처음부터 간장을 넣어 조리면 고기가 단단해지므로 고기가 익은 후 간장을 첨가하여 끓이는 것이 좋다.

고구마줄기 볶음

재료

50인분

☐ 고구마줄기 1kg

☐ 국간장 5큰술

☐ 다진파 5큰술

☐ 다진마늘 2.5큰술

☐ 맛기름 4큰술

☐ 육수(소고기 또는 북어) 1컵

☐ 땅콩가루 8큰술

☐ 참기름 2큰술

4인분

고구마줄기 400g. 국간장 2
큰술, 다진파 2큰술, 다진마
늘 1큰술, 맛기름 2큰술, 육
수 ⅓컵, 땅콩가루 3큰술, 참
기름 1큰술

❶ 고구마 줄기를 끓는 물에 삶은 후 식혀 껍질을 벗긴다.

❷ 고구마 줄기를 3cm 길이로 썰어 파, 마늘, 국간장, 참기름에 무친다.

❸ 팬에 맛기름을 넣고 ❷를 볶다가 육수를 붓고 끓인다.

❹ ❸에 국물이 조금 있을 때 파, 마늘을 넣고 볶다가 참기름, 땅콩가루를 넣어
고루 버무려 접시에 담는다.

Tip 나물을 볶을 때는 파, 마늘을 2회로 나누어 넣으면 더 좋다.

도라지볶음

 재료

50인분
- □ 도라지 800g
- □ 잣 6큰술
- □ 대추 20개
- □ 설탕, 소금 약간
- □ 맛기름 3큰술
- □ 다진파 3큰술
- □ 참기름 2큰술
- □ 다시마 육수 1컵

4인분
도라지 200g, 잣 2큰
술, 대추 7개, 설탕, 소
금 약간, 맛기름 1큰술,
다진파 ⅔큰술, 참기름
⅔큰술, 다시마 육수 ⅓
컵

 만드는 방법

❶ 도라지는 곱게 채 썰어 소금과 설탕을 넣어 바락바락 주물러서 쓴맛을 제거한 후 물기를 제거하거나 끓는물에 살짝 데쳐낸다.

❷ 대추는 포를 떠서 방망이로 밀어 얇게 편 다음 곱게 채 썬다.

❸ 잣은 마른 행주에 닦아 종이를 깔고 곱게 다진다.

❹ 팬에 맛기름을 두르고 도라지를 볶다가 파를 넣고 볶는다.

❺ ❹에 육수를 넣고 볶다가 소금으로 간한다.

❻ ❺에 대추채를 넣고 볶은 다음 잣, 참기름을 넣고 혼합한다.

Tip 1 도라지를 설탕에 주물러서 끓는 물에 데치면 쓴맛도 빼고 색도 예쁘게 볶을 수 있다.
2 마늘을 사용하면 잣 향이 죽는다.

새송이버섯 볶음

재료

50인분
- ☐ 새송이버섯 15개
- ☐ 베이비채소 100g(대1팩)

[버섯 양념재료]
- ☐ 맛기름 6큰술
- ☐ 맛간장 6큰술
- ☐ 후춧가루 약간

[드레싱재료 1]
- ☐ 다진양파 2개
- ☐ 쪽파와 대파 5g
- ☐ 맛간장 3큰술
- ☐ 맛기름 3큰술

[드레싱재료 2]
- ☐ 다진양파 2개
- ☐ 쪽파와 대파 5g
- ☐ 발사믹식초 3큰술
- ☐ 올리브오일 3큰술

4인분
새송이버섯 4개, 베이비채소(소1팩) **[버섯 양념재료]** 맛기름 2큰술, 맛간장 2큰술, 후춧가루 약간 **[드레싱재료 1]** 다진양파 10g, 쪽파와 대파 5g, 맛간장 1큰술, 맛기름 1큰술 **[드레싱재료 2]** 다진양파 10g, 쪽파와 대파 5g, 발사믹식초 1큰술, 올리브오일 1큰술

만드는 방법

❶ 새송이버섯 지붕은 모양을 살려 편썰기하고 기둥은 3cm×0.3cm×0.3cm 길이의 적당한 크기로 채 썬다.

❷ 베이비채소는 찬물에 깨끗이 씻어 식초물에 5분간 담가 놓은 후 물기를 제거한다.

❸ 달군 팬에 맛기름을 두르고 새송이버섯을 볶다가 맛간장, 후춧가루를 넣고 노릇노릇하게 볶는다.

❹ 분량의 재료를 넣어 드레싱1 또는 드레싱2의 소스를 만든다.

❺ 볶은 새송이를 베이비채소 옆에 적당한 양으로 담고 소스 양념을 뿌린다.

멸치견과류볶음

 재료

50인분

- ☐ 멸치 400g
- ☐ 아몬드 슬라이스 1컵
- ☐ 잣 1컵
- ☐ 호두 2컵
- ☐ 맛기름 8큰술
- ☐ 청주 4큰술
- ☐ 조청 4큰술
- ☐ 통깨 4큰술
- ☐ 표고가루 1큰술

4인분

멸치 100g, 아몬드 슬라이스 4큰술, 잣 4큰술, 호두 ½컵, 맛기름 2큰술, 청주 1큰술, 조청 1큰술, 통깨 1큰술, 표고가루 1작은술

 만드는 방법

❶ 호두를 흐르는 물에 씻어서 팬에 볶거나 오븐에 굽는다.

❷ 멸치를 체에 쳐서 불순물을 제거하여 준비한다.

❸ 팬에 맛기름을 넣고 멸치에 청주를 넣어 볶아준다.

❹ ❸에 조청, 표고가루를 넣고 볶다가 호두, 아몬드, 잣, 통깨를 넣고 볶는다.

Tip 호두를 오븐에 구우면 고소한 맛이 증가한다. 견과류는 단체급식에서 알레르기 반응이 있을 수 있으므로 주의한다. (특히, 생후 12개월 전에는 사용하지 않도록 한다)

돼지고기 가지 볶음

 재료

50인분
□ 돼지고기(안심) 1.5kg
[고기양념]
□ 맛간장 5큰술
□ 적포도주 10큰술
□ 후춧가루 1작은술 또는 약간
□ 가지 8개
□ 양파 2개

[소스]
□ 천연케첩 2컵
□ 맛간장 5큰술
□ 맛기름 4큰술
□ 다진파 8큰술
□ 다진마늘 4큰술
□ 적포도주 10큰술
□ 참기름 3큰술

□ 깨소금 3큰술
□ 소금 약간

4인분
돼지고기(안심) 300g
[고기양념] 맛간장 1큰술, 적포도주 2큰술, 후춧가루 약간), 가지 2개, 양파 ½개 **[소스]** 천연케첩 5큰술, 맛간장 1큰술, 맛기름 2큰술, 다진파 2큰술, 다진마늘 1큰술, 적포도주 2큰술, 참기름 1큰술, 깨소금 1큰술, 소금 약간

 Tip 1 돼지고기의 안심은 부드럽고, 앞 다리살은 쫄깃쫄깃하다.
2 돼지고기는 포화지방산이 적은 안심, 등심, 다리살을 사용하는 것이 건강에 좋다.

① 돼지고기는 먹기 좋은 크기로 편 썰기하여 맛간장, 적포도주, 후춧가루에 재운다.

② 가지는 3cm크기로 어슷하게 썬다.

③ 양파는 먹기 좋은 크기로 썬다.

④ 달군 팬에 맛기름을 두르고 다진 파, 다진 마늘을 넣고 볶다가 돼지고기를 볶은 다음 가지를 넣고 볶는다.

⑤ ④에 양파를 넣고 볶다가 천연케첩, 적포도주, 맛간장을 넣고 볶다가 소금으로 간하고 후춧가루, 깨소금, 참기름을 넣고 볶는다.

고구마 새우 채소 볶음

재료

50인분
- [ ] 고구마 200g
- [ ] 칵테일새우 200g
- [ ] 애호박 80g
- [ ] 양파 80g
- [ ] 브로콜리 80g
- [ ] 당근 80g
- [ ] 표고버섯 10개
- [ ] 맛간장 8큰술
- [ ] 맛기름 8큰술
- [ ] 깨소금, 소금 약간
- [ ] 새우가루 3큰술
- [ ] 청주 2큰술

4인분
고구마 50g, 칵테일새우 50g, 애호박 20g,
양파 20g, 브로콜리 20g, 당근 20g, 표고
버섯 3개, 맛간장 2큰술, 맛기름 2큰술, 깨소금,
소금 약간, 새우가루 1큰술, 청주 ½큰술

만드는 방법

❶ 각종 채소류는 씻어 1cm×1cm로 썬다.

❷ 브로콜리는 끓는 물에 소금을 넣고 살짝 데쳐 헹군 후 물기를 제거한다.

❸ 새우는 내장을 제거하고 끓는 물에 소금, 청주를 넣고 데쳐서 껍질을 벗긴다.

❹ 표고버섯은 썰어 맛간장 1큰술에 양념하여 재어 볶는다.

❺ 맛기름에 고구마, 당근을 볶다가 호박, 양파를 볶는다.

❻ ❺에 새우를 넣고 볶다가 ❷와 ❹를 넣어 살짝 볶은 후 새우가루와 맛간장, 소금으로 간을 한다.

Tip
1 고구마는 자당, 과당, 포도당 성분이 있어 단맛이 난다.
2 각종 채소류는 알카리성 식품으로 산성화 체질을 예방하는데 좋은 식품이다.

잔멸치 유자청 볶음

재료

50인분
- ☐ 잔멸치 400g
- ☐ 아몬드 슬라이스 2컵
- ☐ 유자청 8큰술
- ☐ 청주 8큰술
- ☐ 맛기름 8큰술
- ☐ 참기름 3큰술
- ☐ 통깨 4큰술

4인분
잔멸치 100g, 아몬드 슬라이스 ½컵, 유자청 2큰술, 청주 2큰술, 맛기름 2큰술, 참기름 1큰술, 통깨 1큰술

만드는 방법

❶ 잔멸치를 굵은 체에 내려서 가루를 제거한다.

❷ 팬을 달군 다음 아몬드를 볶아 놓는다.

❸ 팬에 맛기름을 넣고 멸치를 볶는다.

❹ ❸에 유자청, 청주를 넣고 볶는다.

❺ ❹에 아몬드, 참기름, 통깨를 넣고 볶아 그릇에 담는다.

Tip
1 멸치에 유자청을 넣으면 짜지 않고 비린 맛을 감소 시켜준다.
2 아몬드를 사용하면 염도도 낮추고 영양과 맛도 좋다.

토란대 볶음

재료

50인분
- 토란대 800g
- 파 8큰술
- 마늘 4큰술
- 들깨가루 8큰술
- 국간장 4큰술
- 소금 약간
- 참기름 2큰술
- 맛기름 4큰술

4인분
토란대 200g
파 2큰술
마늘 1큰술
들깨가루 2큰술
국간장 1큰술
소금 약간
참기름 ½큰술
맛기름 1큰술

만드는 방법

❶ 토란대를 쌀뜨물에 불려 삶은 다음 물에 담가 아린 맛을 제거한다.

❷ ❶을 먹기 좋은 크기로 손질하여 파, 마늘, 국간장, 참기름을 넣고 양념한다.

❸ 팬에 맛기름을 넣고 ❷를 볶다가 들깨가루를 육수에 혼합하여 넣고 뜸을 들인다.

❹ ❸에 파, 깨소금, 참기름을 넣고 볶는다.

고등어구이

재료

50인분
- ☐ 고등어 8마리
- ☐ 맛기름 8큰술
- ☐ 강황가루 3큰술
- ☐ 굵은소금 3큰술
- ☐ 우엉조림 500g
  (86p 우엉조림 참고)
- ☐ 무(국화) 초절임
- ☐ 무 400g
[단촛물]
- ☐ 식초 ½컵
- ☐ 설탕 ½컵
- ☐ 소금 1큰술
- ☐ 강황가루 약간

4인분
고등어 2마리, 맛기름 2큰술, 강황가루 2작은술, 굵은소금 약간, 우엉조림 150g(86p 우엉조림 참고), 무(국화) 초절임, 무 100g **[단촛물]**식초 2큰술, 설탕 3큰술, 소금 ½작은술, 물 2큰술, 강황가루 약간

 만드는 방법

❶ 고등어를 소금물에 씻어서 3장 뜨기하여 굵은소금에 30분 정도 재운다.

❷ ❶을 씻어서 수분을 제거하여 굵은소금 약간, 강황가루 약간을 뿌려서 맛기름 두른 팬에 노릇하게 굽는다.

❸ 무는 지름 2cm, 높이 1.5cm로 둥글게 썰어서 칼집을 넣어서 단촛물에 절인 다음 국화꽃 모양으로 만든다.

Tip
1 고등어는 수분을 잘 제거하여야 부서짐과 비린 맛을 감소 시킬 수 있다.
2 고등어를 구울 때는 안쪽부터 60%정도 익힌 다음 뒤집어서 익혀 주어야 덜 부서진다.
3 강황 가루를 뿌려서 구우면 비린 맛을 제거하고 건강에도 좋다.

뱅어포 돼지고기 고추장 구이

재료

50인분
- ☐ 뱅어포 16장
- ☐ 돼지고기 400g
- ☐ 밀가루 8큰술
- ☐ 참기름 4큰술

[뱅어포 양념장]
- ☐ 고추장 5큰술
- ☐ 조청 2큰술
- ☐ 청주 4큰술
- ☐ 깨소금 2큰술
- ☐ 참기름 3큰술
- ☐ 마늘 3큰술
- ☐ 파 5큰술

[돼지고기 양념장]
- ☐ 파 2큰술
- ☐ 마늘 1큰술
- ☐ 맛간장 2큰술
- ☐ 후춧가루 약간
- ☐ 참기름 1큰술
- ☐ 깨소금 1큰술

4인분
뱅어포 4장, 돼지고기 100g, 밀가루 2큰술, 참기름 1큰술 **[뱅어포 양념장]** 고추장 1.5큰술, 조청 ½큰술, 청주 1큰술, 깨소금 2작은술, 참기름 1큰술, 마늘 1큰술, 파 1.5큰술 **[돼지고기 양념장]** 파 ½큰술, 마늘 ½큰술, 맛간장 ⅔큰술, 후춧가루 약간, 참기름 약간, 깨소금 약간

 만드는 방법

❶ 돼지고기를 곱게 다져서 양념장에 재운다.
❷ 뱅어포 한면에 밀가루를 묻히고 ❶을 편 다음 다른 뱅어포 한 면에 밀가루를 묻혀서 덮고 밀대로 밀어 참기름을 발라 석쇠에 굽는다.
❸ 양념장을 만들어 ❷에 발라 석쇠에 구어 먹기 좋은 크기로 썬다.

데리야끼 삼치구이

재료

50인분
- ☐ 삼치 8마리(3.2kg)
- ☐ 전분가루 ⅔컵
- ☐ 맛기름 8큰술
- ☐ 우유 1컵
- ☐ 깻잎 5장
- ☐ 레몬 1개
- ☐ 소금, 후추, 생강즙

[데리야끼 소스]
- ☐ 북어육수 1컵
- ☐ 맛간장 1컵
- ☐ 청주 1컵
- ☐ 참기름 약간
- ☐ 매실청 5큰술
- ☐ 맛기름 2큰술

4인분
삼치 2마리(800g), 전분가루 3큰술, 맛기름 2큰술, 우유 50cc, 깻잎 ½장, 레몬 ¼개, 소금, 후추, 생강즙 **[데리야끼 소스]** 북어육수 4큰술, 맛간장 4큰술, 청주 4큰술, 참기름 약간, 매실청 1.5큰술, 맛기름 ½큰술

 만드는 방법

❶ 삼치살은 깨끗이 씻은 후 우유에 20분 정도 담갔다가 소금, 후추, 생강즙과 청주를 넣어 밑간을 한다.

❷ 분량의 데리야끼 소스 재료를 넣어 졸인다.

❸ 깻잎은 씻어 물기를 제거한 후 곱게 채 썬다.

❹ ❶의 재료를 전분에 묻혀 오븐이나 후라이팬에 맛기름을 두르고 노릇하게 굽는다.

❺ ❷의 소스를 바르며 굽거나 또는 소스에 졸인다.

❻ ❹의 재료를 예쁜 그릇에 깻잎채를 곁들여 담아 준다.

오이노각무침

재료

50인분
- ☐ 늙은 오이 3개(3kg)
- ☐ 다진마늘 4큰술
- ☐ 다진파 3큰술
- ☐ 고추장 3큰술
- ☐ 고춧가루 약간
- ☐ 깨소금 3큰술
- ☐ 굵은소금 3큰술
- ☐ 사과 발효액 3큰술

4인분
늙은 오이 1개(1kg), 다진마늘 1.5
큰술, 다진파 2큰술, 고추장 1큰술,
고춧가루 약간, 깨소금 1큰술, 굵은
소금 1큰술, 사과 발효액 1큰술

만드는 방법

❶ 오이는 껍질을 벗겨 반으로 쪼갠 다음 씨를 제거한다.

❷ 오이를 4cm×1cm×0.3cm로 썰어 소금에 절인다.

❸ 오이가 절여지면 물에 헹군 다음 수분을 꼭 짜서 제거한다.

❹ ❸에 고추장, 고춧가루, 파, 마늘, 깨소금, 사과 발효액을 넣고 양념한다.

Tip 식성에 따라 설탕과 식초를 넣는다.

오이 송송이

재료

50인분
- ☐ 오이 6개
- ☐ 대파 1뿌리
- ☐ 마늘 1통
- ☐ 생강 10g
- ☐ 고춧가루 ¼컵
- ☐ 새우젓 2큰술
- ☐ 부추 100g
- ☐ 굵은소금 약간
- ☐ 사과 발효액 ¼컵

4인분
오이 1개, 대파 1큰술, 마늘 1작은술, 생강 약간, 고춧가루 ½큰술, 새우젓 1작은술, 부추 25g, 굵은소금, 사과 발효액 1큰술

 만드는 방법

❶ 오이는 씻어서 소금으로 문지르고 다시 씻어서 1cm×1cm×1cm로 썰어 놓는다.

❷ 끓는 물에 소금을 넣고 오이를 30초 정도 데친 다음 절인다.

❸ 부추는 1cm 크기로 썰어 놓는다.

❹ 새우젓, 생강, 마늘, 대파를 곱게 다진다.

 Tip 오이를 끓는 물에 데치면 익어도 오이가 무르지 않는다.

❺ ❷에 고춧가루를 넣고 빨갛게 물들인 다음 ❹를 넣고 가볍게 버무린 다음 사과 발효액과 ❸을 넣고 소금으로 간하여 그릇에 담는다.

청포묵 파래무침

재료

50인분
- 청포묵 5모(1.5kg)
- 오이 2개
- 당근 100g
- 황백지단 3개
- 파래김 10장
- 맛간장 1큰술
- 소금 약간
- 볶은 참깨 3큰술
- 참기름 3큰술

4인분
청포묵 1모, 오이 ½개, 당근 30g, 황백지단 1개, 파래김 3장, 맛간장, 소금 약간, 볶은 참깨 1큰술, 참기름 1큰술

 만드는 방법

① 단단한 묵은 굵은체에 눌러 채 썰거나 곱게 채 썬다.

② 오이는 돌려 3cm×0.3cm×0.3cm로 채 썰고 살짝 볶는다.

③ 당근도 3cm×0.3cm×0.3cm로 채 썰어 살짝 볶는다.

④ 구운 김은 곱게 부순다.

⑤ 황백지단을 3cm×0.2cm×0.2cm 곱게 채 썬다.

⑥ ①의 청포묵을 끓는물에 투명하게 데친 후 체에 물기를 제거한 후 참기름과 맛간장으로 밑간한다.

⑦ ⑥에 ②, ③, ④를 넣어 버무린 다음 소금과 깨소금으로 버무린다.

⑧ ⑦을 접시에 담고 ⑤를 예쁘게 올린다.

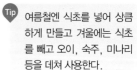
Tip 여름철엔 식초를 넣어 상큼하게 만들고 겨울에는 식초를 빼고 오이, 숙주, 미나리 등을 데쳐 사용한다.

미역무침

재료

50인분
- □ 물미역 1kg
- □ 오이 2개
- □ 당근 ½개
- □ 양파 ½개

[초무침 소스]
- □ 설탕 ½컵
- □ 식초 ½컵
- □ 매실 발효액 2큰술
- □ 소금 1큰술
- □ 다진마늘 2큰술
- □ 간장 2큰술
- □ 레몬즙 6큰술

4인분
물미역 300g, 오이 ½개, 당근 30g, 양파 30g **[초무침 소스]** 설탕 3큰술, 식초 3큰술, 매실 발효액 1큰술, 소금 약간, 다진마늘 1큰술, 간장 ½큰술, 레몬즙 2큰술

 만드는 방법

❶ 미역은 불린 다음 끓는 소금물에 살짝 데쳐 찬물에 헹궈 먹기 좋은 크기로 썰어 놓는다.

❷ 오이, 당근은 3cm×1cm×0.3cm 썰어 놓는다.

❸ 양파를 3cm×1cm×0.3cm 썰어 물에 담갔다 수분을 제거한다.

❹ 미역 초무침 소스를 만든다.

❺ ❶, ❷, ❸을 소스에 무친다.

 Tip
1 끓는 물에 데치면 미역의 비린 맛을 제거할 수 있다.
2 미역, 오이, 당근은 손질하여 설탕, 소금, 식초에 절여 사용하면 물이 생기지 않는다.

무말랭이 장아찌

재료

50인분
- ☐ 무말랭이 200g
- ☐ 쪽파 80g
- ☐ 생강 2톨
- ☐ 마늘 8쪽
- ☐ 홍고추 4개

[소스]
- ☐ 북어육수 1컵
- ☐ 맛간장 ½컵
- ☐ 멸치액젓 ½컵
- ☐ 식초 ½컵
- ☐ 설탕 ½컵
- ☐ 사과 발효액 ½컵

만드는 방법

① 무말랭이를 깨끗이 씻어 놓는다.

② 마늘, 생강, 홍고추를 채 썰어 놓는다.

③ 쪽파를 4cm로 썰어서 놓는다.

④ 육수(소스)를 끓인 후 사과 발효액을 혼합한다.

⑤ ①, ②, ③의 재료를 혼합한다.

⑥ ⑤를 그릇에 담고 위에 ④를 부어 냉장고에 보관하여 1주일 후에 먹는다.

Tip
1 먹을 때 통깨를 넣어 먹으면 좋다.
2 많은 양을 할 때는 양념장을 하루 정도 지난 후에 끓여 부어주면 오래 보관할 수 있다.

취나물

재료

50인분
- ☐ 취나물 800g
- ☐ 굵은소금 4큰술

[양념장]
- ☐ 된장 4큰술
- ☐ 고추장 4작은술
- ☐ 대파 다진것 4큰술
- ☐ 다진마늘 1큰술
- ☐ 깨소금 4큰술
- ☐ 매실 발효액 2큰술
- ☐ 참기름 2큰술

4인분
취나물 200g, 굵은소금 1큰술 **[양념장]** 된장 1큰술, 고추장 1작은술, 대파 다진것 1큰술, 다진마늘 1작은술, 깨소금 1큰술, 매실 발효액 ½큰술, 참기름 ½큰술

 만드는 방법

① 취나물을 다듬고 물 3컵을 넣어 끓으면 소금을 넣고 데쳐 헹군다.

② 취나물은 먹기 좋은 크기로 썰어 수분을 제거한다.

③ ②에 양념장을 넣고 무친다.

배추 된장 땅콩 무침

 재료

50인분
☐ 배추 1.2kg
☐ 땅콩가루 1컵
☐ 된장 6큰술
☐ 통깨 10큰술
☐ 참기름 5큰술

4인분
배추 300g
땅콩가루 3큰술
된장 2큰술
통깨 2큰술
참기름 1큰술

① 배추를 씻어 놓는다.
② 물이 끓어 오르면 소금을 넣어 데친다.
③ 데친 배추를 적당한 크기로 잘라 물기를 제거한다.
④ ③에 된장을 넣어 조물조물 무친 다음 땅콩가루와 통깨를 넣어 버무린 후 마지막에 참기름을 넣는다.
⑤ 그릇에 담아 완성한다.

치커리 사과 무침

재료

50인분
- [ ] 치커리 600g
- [ ] 사과 600g

[양념재료]
- [ ] 고춧가루 4큰술
- [ ] 사과 발효액 6큰술
- [ ] 설탕 3큰술
- [ ] 식초 6큰술
- [ ] 액젓 6큰술
- [ ] 통깨 6큰술

4인분
치커리100g, 사과 100g
[양념재료] 고춧가루 1큰술, 사과 발효액 1큰술, 설탕 ½ 큰술, 식초 1큰술, 액젓 1큰술, 통깨 1큰술

 만드는 방법

❶ 치커리는 흐르는 물에 잘 씻어 차게 담가 놓는다.

❷ 사과는 잘 씻어 심지와 씨를 제거하고 껍질과 과육 부분만 남기고 6~8등분하여 은행잎 썰기로 한다.

❸ ❶을 적당한 크기로 썬다.

❹ 양념 재료를 넣어 만들어 놓는다.

❺ ❶과 ❷를 적당히 섞고 ❹를 넣어가며 살살 버무려 접시에 담는다.

Tip
1 상큼하고 자연스런 단맛은 음식의 맛을 훨씬 더 잘 살려 준다.
2 봄동이나 채소류는 새콤하게 바로 무쳐서 사용하면 좋은 찬류가 된다.
3 양념은 미리 만들어 놓았다가 식사 전에 버무려 제공한다.
4 레몬즙을 사용하면 더 맛있다.

건파래 영양부추 무침

재료

50인분
- ☐ 건파래 100g
- ☐ 영양부추 40g
- ☐ 들기름 4큰술
- ☐ 맛간장 4큰술
- ☐ 깨소금 3큰술
- ☐ 참기름 2큰술

4인분
건파래 25g
영양부추 10g
들기름 1큰술
맛간장 1큰술
깨소금 ½큰술
참기름 ½큰술

 만드는 방법

① 건파래를 돌, 티를 제거한 후 적당한 크기로 뜯어 준다.

② 팬에 들기름을 넣고 약불에서 건파래를 볶는다.

③ 영양부추를 1cm 크기로 썬다.

④ ②에 맛간장, 참기름을 넣어 조물조물 많이 주물러 양념이 배게 해준다.

⑤ ④에 부추와 깨소금을 넣어 고루 섞어 무친다.

⑥ 접시에 예쁘게 담는다.

Tip 파래는 잘 볶아야 풀어지지 않는다.

감자 아삭아삭 삼색 무침

재료

50인분
- □ 감자 1kg
- □ 당근 100g
- □ 오이 3개(부추 80g)
- □ 마늘 1큰술
- □ 다진파 2큰술
- □ 소금 0.7큰술
- □ 흑임자 2큰술
- □ 참기름 3큰술
- □ 매실 발효액 2큰술

4인분
감자 300g, 당근 30g, 오이 1개(부추 20g), 마늘 ½ 큰술, 다진파 1큰술, 소금 약간, 흑임자 ½작은술, 참기름 1큰술, 매실 발효액 ½큰술

만드는 방법

① 감자는 껍질을 벗겨 채칼로 곱게 채 썬다.

② 끓는 물에 소금을 넣고 1~2분간 투명하게 데쳐서 헹군다.

③ 오이는 소금을 넣고 비벼 씻어 4cm로 썰어 돌려 깎아 곱게 채 썬다.

④ 당근은 4cm 길이로 곱게 채 썬다.

⑤ ②, ③, ④에 파, 마늘, 흑임자, 참기름, 매실 발효액, 소금을 넣고 양념한다.

Tip 감자를 데칠 때 주의한다.

쑥갓두부무침(백화초)

 재료

50인분
- ☐ 쑥갓 800g
- ☐ 두부 200g
- ☐ 소금 약간
- ☐ 국간장 4큰술
- ☐ 깨소금 16큰술
- ☐ 사과 발효액 4큰술

4인분
쑥갓 200g, 두부 50g, 소금 약간, 국간장 1큰술, 깨소금 4큰술, 사과 발효액 1큰술

 만드는 방법

❶ 쑥갓을 다듬어 데쳐 찬물에 헹군 다음 짠다.

❷ 두부는 면포에 넣고 짠 다음 칼등으로 곱게 으깬다.

❸ 분마기에 깨를 곱게 갈다가 으깬 두부를 넣고 간장과 사과 발효액을 넣고 조물조물 섞는다.

❹ 쑥갓을 먹기 좋은 크기로 썰어 수분을 짠 다음 ❸에 넣고 무친다.

모듬피클

 재료

50인분

□ 파프리카(노랑 · 빨강)
　 각 ½개
□ 오이 1개
□ 알타리무(무) 300g 5개
□ 양파 ½개
□ 브로콜리 ½개
□ 연근 ½개
□ 레몬 ¼개
□ 간장 2컵
□ 사과 발효액 ½컵
□ 식초 ⅔컵
□ 설탕 ½컵

 만드는 방법

❶ 브로콜리는 모양 있게 썰어 끓는 물에 소금을 넣고 데쳐 헹군다.

❷ 각각의 채소를 먹기 좋은 크기로 썰어서 그릇에 담는다.

❸ 레몬은 얇게 편 썰기 한다.

❹ 간장, 설탕을 끓이다가 식초를 넣고 끓인 다음 사과 발효액과 레몬을 넣는다.

❺ ❶, ❷에 ❹를 붓고 냉장고에 하루동안 넣어 보관한 다음 먹는다.

> **Tip** 재료가 70% 잠길 정도로 국물을 붓는다.

연근 유자 피클

재료

50인분
- ☐ 연근 1.5kg
- ☐ 유자청 3컵
- ☐ 물 2컵
- ☐ 설탕 4큰술
- ☐ 식초 4큰술
- ☐ 소금 약 2큰술
- ☐ 흑임자 3큰술

4인분
연근 400g, 유자청 1컵, 물 ½컵, 설탕 1큰술, 식초 1큰술, 소금 약 ½큰술, 흑임자 3큰술

만드는 방법

1. 연근은 껍질을 제거한다.
2. 연근을 0.2cm 두께로 썰어 식초물에 살짝 데쳐 헹군다.
3. 물 1컵, 설탕 1큰술, 식초 2큰술, 소금 1큰술 넣어 끓인 다음 유자청(유자채)을 넣어 혼합한다.
4. 연근과 ❸을 한켜씩 재워 병에 담아 냉장고에 보관한다.
5. 접시에 연근과 유자를 예쁘게 담고 흑임자를 고명으로 사용한다.

Tip
1. 연근은 데쳐야 사각사각 식감이 좋다.
2. 냉장고에 보관하면 한달동안 먹을 수 있다.

삼색 달걀말이

재료

50인분

- □ 달걀 15개
- □ 양파 120g
- □ 부추 40g
- □ 당근 160g
- □ 북어가루 10큰술
- □ 소금 적당량
- □ 청주 3큰술
- □ 설탕 2큰술
- □ 다시육수물 또는 우유 5큰술
- □ 맛기름 4큰술

4인분

달걀 3개, 양파 40g, 부추 10g, 당근 40g, 북어가루 2큰술, 소금 약간, 청주 1큰술, 설탕 ½큰술, 다시육수물 또는 우유 1큰술, 맛기름 1큰술

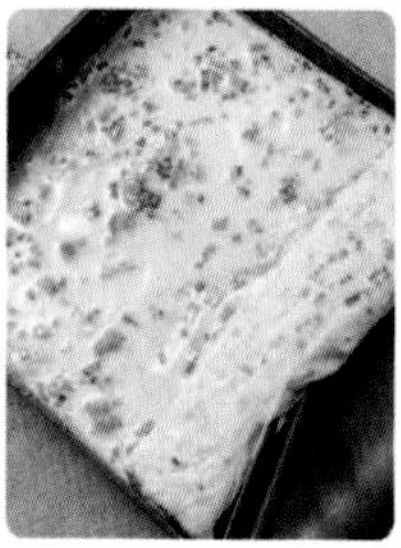

만드는 방법

❶ 달걀에 분량의 우유나 육수물을 넣고 잘 풀은 후 고운 체에 내린다.
❷ 양파, 부추, 당근은 잘게 채 썬다.
❸ ❶의 달걀에 ❷의 재료를 넣어 잘 섞은 후 북어가루, 청주, 설탕을 넣고 소금으로 간한다.
❹ 달군 팬에 맛기름를 두르고 ❸을 부어가며 둥글게 말아 부친다.
❺ 약간 식었을 때 모양 있게 자른다.

Tip 낮은 온도에서 기름을 적게 넣어 부쳐야 잘 말아진다.

고등어두부 스테이크

재료

50인분

- ☐ 고등어살 1.2kg
- ☐ 두부 300g
- ☐ 우유 200g
- ☐ 양파 400g
- ☐ 빵가루 2컵
- ☐ 달걀노른자 4개
- ☐ 청주 8큰술
- ☐ 조청 8큰술
- ☐ 맛기름 적당량

- ☐ 소금
- ☐ 후춧가루 약간씩

[데리야끼 소스]
- ☐ 맛간장 2컵
- ☐ 조청 8큰술
- ☐ 북어육수 3컵
- ☐ 복숭아 발효액 8큰술
- ☐ 물녹말 8큰술
  (녹말 4큰술, 물 4큰술)

4인분

고등어살 300g, 두부 80g, 우유 80g. 양파 100g, 빵가루 ½컵, 달걀노른자 1개, 청주 2큰술, 조청 2큰술, 맛기름 적당량, 소금, 후춧가루 약간씩
[데리야끼 소스] 맛간장 8큰술, 조청 2큰술, 북어육수 1컵, 복숭아 발효액 2큰술, 물녹말 2큰술(녹말 1큰술, 물 1큰술)

 만드는 방법

❶ 고등어는 살만 발라내고 우유에 30분간 재워 놓았다가 수분을 제거한다.

❷ ❶의 고등어를 곱게 다진다.

❸ 두부는 면포에 싸서 물기를 제거하여 곱게 으깬다.

❹ 양파는 곱게 다져서 투명하게 볶아준다.

❺ 고등어살과 두부, 볶은 양파, 빵가루, 달걀노른자, 청주, 소금, 조청, 후추를 골고루 섞어 치댄 다음 지름 7cm, 두께 1cm로 빚는다.

❻ 달군 팬에 맛기름을 두르고 ❺를 굽는다.

❼ 데리야끼 소스는 물녹말을 제외한 재료를 냄비에 넣고 끓어 오르면 물녹말을 조금씩 넣어 농도를 맞춰 완성한 후 ❻의 고등어스테이크에 곁들인다.

Tip 고등어를 우유에 재우면 우유에 있는 카제인이 비린 맛을 줄여 준다.

스크램블에그

재료

50인분

- □ 달걀 30개
- □ 부추 50g
- □ 버터 또는 식용유 1컵
- □ 우유 200mL
- □ 소금 ½큰술
- □ 북어가루 7큰술
- □ 청주 7큰술

4인분

달걀 4개
부추 10g
버터 또는 식용유 2큰술
우유 45mL
소금 약간
북어가루 1큰술
청주 1큰술

 만드는 방법

❶ 달걀에 청주, 우유, 소금을 넣어 풀어 체에 내린다.

❷ 부추를 0.5cm 크기로 썰어 놓는다.

❸ ❶에 부추와 북어가루를 넣어 혼합한다.

❹ 식용유나 버터를 넣어 달군 팬에 달걀을 중불에서 저어 가며 부드럽게 익힌다.

Tip 햄이나 베이컨, 양파, 피망 등을 넣어서 해도 좋다.

잡채

 재료

50인분
- □ 당면 500g
- □ 소고기 250g

[당면 양념]
- □ 맛간장 1컵
- □ 물 3.5컵
- □ 설탕 2큰술
- □ 맛기름 3큰술

[소고기 양념]
- □ 맛간장 1.5큰술
- □ 파 1큰술
- □ 마늘 1큰술

- □ 깨소금
- □ 후춧가루
- □ 맛기름
- □ 참기름 약간
- □ 양파 1개
- □ 오이 2개
- □ 홍·청피망 1개
- □ 새송이버섯 3개
- □ 표고버섯 5개
- □ 목이버섯 약간
- □ 식초 1큰술

[버섯 양념장]
- □ 맛간장 2큰술
- □ 맛기름 1큰술
- □ 참기름 1큰술
- □ 깨소금
- □ 후춧가루
- □ 파, 마늘 약간씩

4인분
당면 200g, 소고기 80g
[당면 양념] 맛간장 6큰술, 물 180g, 설탕 1큰술, 맛기름 1큰술
[소고기 양념] 맛간장 ½큰술, 파 ½큰술, 마늘 1작은술, 깨소금, 후춧가루, 맛기름, 참기름 약간, 양파 ½개, 오이 1개, 홍·청피망 ½개, 새송이버섯 1개, 표고버섯 2개, 목이버섯 약간, 식초 1작은술
[버섯 양념장] 맛간장 1큰술, 맛기름 ½큰술, 참기름 ½큰술, 깨소금, 후춧가루, 파, 마늘 약간씩

 만드는 방법

❶ 당면을 물에 2시간 불린 다음 적당한 크기로 자른다.

❷ 소고기는 소고기 양념장에 재워 볶는다.

❸ 양파, 홍·청 피망은 3cm×0.3cm×0.3cm로 채 썬 후 볶는다.

❹ 새송이버섯, 표고버섯은 3cm×0.3cm×0.3cm로 채 썰어 버섯양념장에 볶는다.

❺ 오이는 3cm로 자르고 0.3cm두께로 돌려 채 썰어 소금에 절여 수분을 제거하여 볶는다.

❻ 목이버섯은 식초 한방울에 비벼서 씻어 적당한 크기로 찢어 간장, 참기름에 양념하여 볶는다.

❼ 물에 설탕, 맛간장, 맛기름과 넣어 끓이다가 당면을 넣고 국물이 없을 때까지 졸인다.

❽ ❼에 ❷~❻까지 넣고 볶아준 후 버무리고 참기름, 깨소금을 넣어 마무리한다.

Tip 잡채 양이 많을 때는 물 양을 줄인다.

바비큐폭찹

 재료

50인분
- 돼지고기 등심 3kg
- 청피망 200g
- 홍피망 200g
- 양파 600g
- 셀러리 150g
- 맛간장 10큰술
- 맛기름 ¼컵
- 마늘 6큰술
- 천연토마토케첩 600g
- 적포도주 9큰술
- 핫소스 6큰술
- 식초 50g
- 레몬즙 4큰술
- 사과 발효액 1컵(설탕 6큰술)
- 표고가루 6큰술
- 우리밀가루 2컵
- 식용유, 후춧가루
- 소금 약간
- 월계수잎 3잎
- 브라운스톡 6컵(물)

4인분
돼지고기 등심 600g, 청피망 50g, 홍피망 50g, 양파 150g, 셀러리 50g, 천연토마토케첩 150g, 맛간장 3큰술, 맛기름 1.5큰술, 마늘 2큰술, 적포도주 3큰술, 핫소스 2큰술, 식초 1큰술, 레몬즙 1큰술, 사과 발효액 4큰술(설탕 2큰술), 표고가루 1.5큰술, 우리밀가루 ½컵, 식용유, 후춧가루, 소금 약간, 월계수잎 1잎, 브라운스톡 2컵(물)

 만드는 방법

❶ 핏물을 뺀 돼지고기에 적포도주 2큰술, 소금, 후추로 간한다.

❷ ❶에 우리밀가루를 묻혀서 팬에 맛기름을 두르고 노릇노릇 굽는다.

❸ 청·홍피망, 셀러리와 양파를 씻어 곱게 다진다.

❹ 팬에 맛기름을 넣고 양파, 마늘을 볶다가 셀러리, 피망을 넣고 볶는다.

❺ ❹에 케첩을 넣어 볶으면서 맛간장, 적포도주, 핫소스, 표고가루, 식초, 레몬즙, 사과 발효액, 월계수잎, 브라운스톡, 후춧가루를 넣고 끓으면 ❷를 넣어 조린 후 월계수 잎을 뺀 후 접시에 예쁘게 담는다.

Tip 돈갈비를 이용해도 맛있다.

두부강정

 재료

50인분
- [ ] 두부 4모(1.2kg)
- [ ] 녹말가루 2컵
- [ ] 맛기름 10큰술
- [ ] 소금, 후추 약간

[소스재료]
- [ ] 고추장 3큰술
- [ ] 천연케첩 1컵
- [ ] 맛간장 4큰술
- [ ] 조청 6큰술
- [ ] 청주 3큰술
- [ ] 다진파 6큰술

- [ ] 다진마늘 3큰술
- [ ] 생강, 후추 약간
- [ ] 참기름 2큰술
- [ ] 깨소금 4큰술
- [ ] 북어가루 3큰술

4인분
두부 1모(300g), 녹말가루 ½컵, 맛기름 3큰술 **[소스재료]** 고추장 ⅔큰술, 천연케첩 4큰술, 맛간장 1큰술, 조청 2큰술, 청주 1큰술, 다진파 2큰술, 다진마늘 1큰술, 생강, 후추 약간, 참기름 1큰술, 깨소금 2큰술, 북어가루 1큰술

 만드는 방법

① 두부를 2cm×2cm로 썰어서 소금, 후추에 재운다.

② ①에 녹말가루를 묻혀서 팬에 노릇노릇 지진다.

③ 파, 마늘, 생강을 곱게 다져서 맛기름에 볶다가, 고추장, 천연케첩, 맛간장을 넣고 볶는다.

④ ③에 조청, 청주를 넣고 조린 다음 북어가루, 후추, 깨소금, 참기름을 넣고 두부를 버무린다.

Tip
1 파, 마늘, 생강이 완전히 볶아진 다음에 재료를 순서대로 넣어야 깊은 맛이 난다.
2 많은 양을 할 때는 기름에 튀기는 것도 좋다.

북어강정

 재료

50인분

- [ ] 북어 8마리
  (맛간장 3큰술, 참기름 6큰술,
  북어육수 1.5컵)
- [ ] 녹말가루 2컵
- [ ] 맛기름 10큰술
- [ ] 파 8큰술
- [ ] 마늘 4큰술
- [ ] 고추장 4큰술
- [ ] 천연케첩 8큰술
- [ ] 조청 8큰술
- [ ] 청주 8큰술
- [ ] 청피망 2개
- [ ] 홍피망 2개
- [ ] 아몬드 슬라이스 8큰술
- [ ] 생강 약간
- [ ] 참기름 4큰술

4인분

북어 2마리
(맛간장 1큰술, 참기름 2큰술,
북어육수 5큰술)
녹말가루 ½컵
맛기름 3큰술
파 2큰술
마늘 1큰술
고추장 1큰술
천연케첩 2큰술
조청 2큰술
청주 2큰술
청피망 ½개, 홍피망 ½개
아몬드 슬라이스 2큰술, 생강 약간
참기름 1큰술

 만드는 방법

① 북어를 손질하여 물에 살짝 씻는다.

② 다시마, 북어대가리를 끓여 체에 내린다.

③ ①에 북어육수 5큰술, 맛간장 1큰술, 참기름 2큰술을 넣고 재워서 1시간 이상 불린다.

④ ③에 녹말가루를 무쳐 팬에 넣고 맛기름에 지지거나 튀긴다.

⑤ 파, 마늘, 생강, 청피망, 홍피망을 곱게 다진다.

⑥ 팬에 맛기름을 넣고 파, 마늘, 생강을 볶다가 홍피망을 넣고 볶는다. 그리고 천연케첩, 고추장, 조청, 청주를 넣고 볶은 다음 청피망, 후추, 참기름을 넣고 다시 볶는다.

⑦ ⑥에 ④를 넣고 버무려 아몬드 슬라이스나 통깨를 뿌린다.

Tip 매운 맛을 좋아하면 청양고추를 사용하면 좋다.

해물 콩나물찜

재료

50인분
- [ ] 게 4마리
- [ ] 새우 50마리
- [ ] 오징어 4마리
- [ ] 피홍합 2kg

[양념장]
- [ ] 파 12큰술
- [ ] 마늘 8큰술
- [ ] 고춧가루 ½컵
- [ ] 청주 6큰술
- [ ] 후춧가루 약간
- [ ] 설탕 3큰술
- [ ] 표고버섯 가루 3큰술
- [ ] 참기름 3큰술
- [ ] 된장 2큰술
- [ ] 국간장 6큰술
- [ ] 홍합가루, 새우가루 각 3큰술씩

[부재료]
- [ ] 미나리 1단
- [ ] 콩나물 1.2kg
- [ ] 맛기름 5큰술
- [ ] 다진생강 ½큰술
- [ ] 물녹말 ½컵
- [ ] 땅콩가루 8큰술

4인분
게 1마리, 새우 10마리, 오징어 1마리, 피홍합 500g **[양념장]** 파 4큰술, 마늘 2큰술, 고춧가루 5큰술, 청주 2큰술, 후춧가루 약간, 설탕 1큰술, 표고버섯 가루 1큰술, 참기름 2큰술, 된장 ½큰술, 국간장 2큰술, 홍합가루, 새우가루 각 1큰술씩 **[부재료]** 미나리 ⅓단, 콩나물 600g. 맛기름 2큰술, 다진생강 ½작은술, 물녹말 2큰술~3큰술, 땅콩가루 2큰술

 만드는 방법

❶ 게, 새우, 오징어, 홍합을 소금물에 씻어 먹기 좋은 크기로 손질한다.

❷ 콩나물은 머리와 끝부분을 제거하고 미나리는 3~4cm로 썬다.

❸ 냄비에 맛기름 2큰술을 넣고 콩나물을 담고 ❶을 얹어 찐다.

❹ ❸에 양념장을 넣고 미나리를 넣어 익으면 생강을 넣어 고루 섞은 후, 물녹말로 농도를 맞춘 다음, 참기름, 깨소금을 넣어 접시에 담고 땅콩가루를 얹어 낸다.

고등어김치찜

 재료

50인분
- □ 고등어 4마리
- □ 김치 2kg
- □ 맛기름 4큰술
- □ 육수 4컵(멸치 다시마 육수)

[양념장]
- □ 고춧가루 1큰술
- □ 파 2뿌리
- □ 청주 4큰술
- □ 다진마늘 2큰술

- □ 참기름 2큰술
- □ 깨소금 2큰술
- □ 후춧가루 약간

[육수 재료]
- □ 멸치 20g
- □ 다시마 10cm
- □ 물 5컵

4인분
고등어 1마리, 김치 500g, 맛기름 2큰술, 육수 2컵 (멸치 다시마 육수) **[양념장]** 고춧가루 ½큰술, 파 ½뿌리, 청주 1큰술, 다진마늘 1큰술, 참기름 ½큰술, 깨소금 ½큰술, 후춧가루 약간 **[육수재료]** 멸치 10g, 다시마 5cm, 물 3컵

Part 2_건강한 요리 / 반찬(기타)

 만드는 방법

❶ 고등어는 잘 씻어 지느러미와 꼬리를 잘라내고 대가리의 아가미를 떼어내고 적당한 크기로 자른 후 쌀뜨물이나 청주와 소금에 재운다.

❷ 김치 일부는 3cm길이로 썰고 일부는 김치 길이로 길게 썰어 놓는다.

❸ 양념장을 만든다.

❹ 냄비에 맛기름을 넣고 일부 김치와 손질한 고등어를 넣고 위에 김치를 얹은 후 육수 2컵을 넣어 찐다.

❺ ❹의 재료에 양념장을 얹어 다시 10분간 찐다.

Tip
1 고등어 머리와 김치가 푹 익을 때까지 익힌 다음 양념한 고등어는 살짝 익혀야 살이 부드럽고 맛도 좋다.
2 한끼 먹을 양만 조리하는 것이 좋으며, 데우면 고등어의 비린 맛이 난다.
3 고등어는 단백질, 칼슘, 칼륨, 철분, 비타민 A, B, C, 오메가3가 많아 머리를 좋게 하고 심장질환 예방에 좋다.
4 많은 양을 할 때는 육수 양을 줄인다.

뚝배기 달걀찜

 재료

50인분

- ☐ 달걀 15개
- ☐ 새우젓 5큰술
- ☐ 참기름 2큰술
- ☐ 다시마 멸치국물 7.5컵
- ☐ 다진쪽파 4큰술
- ☐ 다진당근 4큰술

4인분

달걀 3개
새우젓 1큰술
참기름 1작은술
다시마 멸치국물 1.5컵
다진쪽파 1큰술
다진당근 1큰술

  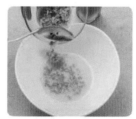 

 만드는 방법

❶ 달걀을 풀어 체에 걸러 풀어 준다.

❷ 달걀에 다진 새우젓, 당근을 넣고 참기름을 섞는다.

❸ 다시마와 멸치로 육수를 만든다.

❹ 다시마 멸치국물과 달걀푼것을 고루 섞어 뚝배기에 넣고 중불에서 끓인다.
　 약불에서 계란물을 저으면서 끓이다가 부풀어오르면 불을 끈다.

❺ 쪽파를 손질한 후 송송 썰어 썬 쪽파를 올린다.

감자완자전

재료

50인분
- [ ] 감자 2kg
- [ ] 두부 400g
- [ ] 부추 160g
- [ ] 당근 160g
- [ ] 전분가루 160g
- [ ] 북어가루 8큰술
- [ ] 맛기름 1컵
- [ ] 고운소금 1큰술

4인분
감자 500g, 두부 100g, 부추 40g, 당근 40g, 전분가루 40g, 북어가루 2큰술, 맛기름 약간, 고운소금 약간

 만드는 방법

❶ 감자는 껍질을 벗긴 후 적당한 크기로 잘라서 믹서기에 넣고 감자와 물 1컵을 넣어 갈아서 체에 내린다.

❷ 체에 내린 감자를 그릇에 담아 두면 윗물이 생기는데 윗물은 버리고 전분과 감자만 남긴다.

❸ 두부의 수분을 제거하여 곱게 으깬다.

❹ 부추는 송송 썰고, 당근은 곱게 다진다.

❺ 감자에 두부와 부추, 당근을 넣고 전분가루로 농도를 맞춘 다음 북어가루와 소금으로 간하여 지름 3cm 크기로 완자를 만들어 맛기름을 두른 팬에 지진다.

Tip
1. 감자 대신 연근을 사용하면 맛도 좋고, 모세혈관에 도움이 된다.
2. 믹서기에 간 감자를 면포에 꼭 짜면 전분가루 없이 완자를 만들 수 있다.
3. 전분가루 사용시는 감자 100% 전분이 좋고, 옥수수 전분은 딱딱하다.
4. 감자를 믹서기에 갈 때 물은 감자가 갈릴 정도만 넣어 준다.

달콤한 마파두부

재료

50인분
☐ 두부 4모
☐ 다진 소고기 400g
☐ 파 2개
☐ 마늘 4큰술
☐ 생강 약간
☐ 피망 2개
☐ 당근 1개
☐ 표고버섯 8개
☐ 다시마 육수 4컵
☐ 파기름 6큰술
[양념]
☐ 천연케첩 1컵
☐ 고추장 3큰술
☐ 된장 1큰술
☐ 맛간장 2큰술
☐ 청주 4큰술
☐ 올리고당(조청) 6큰술
☐ 북어가루 3큰술
☐ 닭육수 4컵
☐ 맛기름 6큰술
☐ 녹말가루 4큰술
☐ 후추가루 약간
☐ 참기름 2큰술

4인분
두부 1모(400g), 다진소고기 100g, 파 ½뿌리, 마늘 2큰술, 생강 약간, 피망 ½개, 당근 50g, 표고버섯 2개, 다시마 육수 1컵, 파기름 2큰술
[양념] 천연케첩 2큰술, 고추장 1큰술, 된장 1작은술, 맛간장 ½큰술, 청주 1큰술, 올리고당(조청) 2큰술, 북어가루 1큰술, 닭육수 1컵, 맛기름 2큰술, 녹말가루 1큰술, 후추가루 약간, 참기름 1큰술

만드는 방법

① 두부를 1cm×1cm×1cm로 썰고 끓는 물에 살짝 데친다.   **Tip** 두부를 데쳐 사용하여야 부드럽다.

② 피망과 당근, 표고버섯을 깨끗이 씻어 0.5cm×0.5cm×0.5cm로 썰어 놓는다.

③ 파, 마늘과 생강을 곱게 다져 팬에 파기름을 두르고 볶다가 다진 소고기와 2의 재료를 넣어 볶으면서 청주와 맛간장을 넣어 적당히 볶아준다.

④ 맛기름에 천연케첩과 고추장, 된장을 넣어 볶다가 닭육수를 넣고 올리고당(조청)을 넣고 중불에 끓인다.

⑤ 북어가루와 두부를 넣고 물 녹말을 넣어 윤기가 나게 농도를 맞추고 참기름으로 마무리한다.

함박스테이크

재료

50인분

- □ 다진소고기 1kg
- □ 다진돼지고기 1.5kg
- □ 빵가루 150g
- □ 양파 3개
- □ 우유 150mL
- □ 달걀 2개
- □ 메추리알 50개
  베이비토마토,
  브로콜리 약간
- □ 맛간장 1컵
- □ 청주 1컵

- □ 다진파 12큰술
- □ 다진마늘 8큰술
- □ 표고가루 4큰술
- □ 다시마가루 4큰술
- □ 후춧가루, 소금 약간

[소스]

- □ 천연케첩 1kg
- □ 설탕 8큰술
  (사과 발효액 1컵)
- □ 브라운스톡 3컵(물 1컵)
- □ 맛간장 5큰술
- □ 후춧가루

4인분

다진소고기 200g, 다진돼지고기 300g, 빵가루 40g, 양파 ½개, 우유 30mL, 달걀 ½개, 메추리알, 베이비토마토, 브로콜리 약간, 맛간장 3큰술, 청주 3큰술, 다진파 3큰술, 다진마늘 2큰술, 표고가루 1큰술, 다시마가루 1큰술, 후춧가루, 소금 약간 [소스] 천연케첩 1.5컵, 설탕 2큰술(사과 발효액 4큰술), 브라운스톡 1컵(물 ½컵), 맛간장 1.5큰술, 후춧가루

 Tip
1 천연케첩에 맛간장을 넣으면 색과 맛이 좋다.
2 어른용 함박스테이크는 1.5cm 두께로 한다.
3 식빵을 분쇄하여 사용시는 우유와 빵가루가 적게 든다.

 만드는 방법

❶ 양파는 곱게 다져 볶은 다음 식힌다.

❷ 볶은양파와 다진소고기, 다진돼지고기를 넣고 우유와 빵가루, 청주, 달걀, 다진파, 마늘, 표고가루, 다시마가루, 맛간장, 후춧가루를 넣어 많이 치댄다.

❸ 치댄 ❷를 적당한 모양(두께 0.5cm)으로 동글 납작하게 만든다.

❹ 달구어진 그릴이나 오븐기에 굽는다. (팬에 구울 때는 안까지 빨리 익히려면 뚜껑을 덮어 사용한다.)

❺ 천연케첩에 브라운스톡(물)과 맛간장, 후춧가루, 사과 발효액을 넣어 조린 후 얹는다.

❻ 메추리알을 팬에 익히고, 브로콜리는 데치고, 베이비토마토는 살짝 구워 사용한다.

닭고기 단호박찜

재료

50인분

□ 닭 4마리
□ 단호박 1개
□ 표고 12장
□ 양파 1개
□ 당근 280g
□ 청피망 1개
□ 노랑 파프리카 1개
□ 빨강 파프리카 1개
□ 북어육수 2컵

[양념장]

□ 맛기름 3큰술
□ 맛간장 16큰술
□ 다진마늘 6큰술
□ 다진파 12큰술
□ 다진생강 약간
□ 양파즙 12큰술
□ 참기름 6큰술
□ 깨소금 6큰술
□ 후춧가루 약간

4인분

닭 1마리, 단호박 ¼개, 표고 3장, 양파 ¼개, 당근 70g, 청피망 ⅓개, 노랑 파프리카 ⅓개, 빨강 파프리카 ⅓개, 북어육수 1컵 **[양념장]** 맛기름 1큰술, 맛간장 5큰술, 다진마늘 2큰술, 다진파 4큰술, 다진생강 약간, 양파즙 3큰술, 참기름 2큰술, 깨소금 2큰술, 후춧가루 약간

만드는 방법

❶ 닭을 3cm 크기로 썰어 끓는 물에 데쳐 헹군다.

❷ 닭에 양념장 ½를 넣고 맛기름을 넣어 볶다가 육수 1컵을 넣고 찐다.

❸ 당근, 단호박은 껍질을 벗겨 먹기 좋은 크기로 썰어서 모서리를 다듬고 ❷에 당근을 넣고 반쯤 익으면 단호박을 넣고 찐다.

❹ ❸에 남은 양념장을 넣고 끓이다가 표고를 4등분하여 넣고 찐다.

❺ 피망, 파프리카, 양파를 먹기 좋은 크기로 썰어서 ❹에 넣고 센불에서 저어가며 윤이 나게 익힌다.

 Tip 1 표고는 간이 잘 배므로 나중에 넣어야 짜지 않다.
　　　2 단호박은 껍질을 벗기면 영양 손실이 있으므로 벗기지 않고 사용해도 좋다.

닭강정

재료

50인분
- [ ] 닭 2마리
- [ ] 녹말가루 3컵
- [ ] 소금, 후추 약간
- [ ] 청주 4큰술
- [ ] 참기름 2큰술
- [ ] 달걀흰자 2개
- [ ] 잣 다진것 12큰술

[양념장]
- [ ] 맛간장 8큰술
- [ ] 조청 6큰술
- [ ] 청주 6큰술
- [ ] 한방육수 2컵
- [ ] 참기름 2큰술
- [ ] 후춧가루 약간

4인분
닭 ½마리, 녹말가루 ⅔컵, 소금, 후추 약간, 청주 1큰술, 참기름 1큰술, 달걀흰자 ½개, 잣 다진것 3큰술
[양념장] 맛간장 2큰술, 조청 2큰술, 청주 2큰술, 한방육수 ½컵, 참기름 1큰술, 후춧가루 약간

만드는 방법

① 닭을 3cm 크기로 썰어서 소금, 후추, 청주 1큰술, 참기름 1큰술에 재운다.

② ①에 달걀흰자를 넣고 녹말가루를 묻혀서 털어낸 다음 170℃ 기름에 2번 튀긴다.

③ 양념장 재료를 넣고 ¼정도가 되도록 조린 다음 참기름 1큰술을 넣고 닭을 버무려 접시에 담고 위에 잣가루를 뿌린다.

 1 한방육수 재료는 닭 냄새를 제거 할 정도로만 약하게 사용하는 것이 좋다.
　　　 2 양념 맛이 강하면 잣 향이 적어진다.

닭안심 레몬소스

재료

50인분
- ☐ 닭안심 2kg
- ☐ 달걀 5개
- ☐ 녹말가루 2.5컵
- ☐ 소금 약간
- ☐ 청주 5큰술
- ☐ 참기름 4큰술
- ☐ 생강 약간
- ☐ 식용유(튀김용)
  적당량

[소스]
- ☐ 맛기름 1큰술
- ☐ 물 2컵
- ☐ 설탕 12큰술
- ☐ 사과 발효액 8큰술
- ☐ 레몬즙 1컵
- ☐ 물 녹말, 소금 약간

4인분
닭안심 300g, 달걀 1개, 녹말가루 ½컵, 소금 약간, 청주 1큰술, 참기름 1큰술, 생강 약간, 식용유(튀김용) 적당량 **[소스]** 맛기름 1큰술, 물 ¼컵, 설탕 3큰술, 사과 발효액 2큰술, 레몬즙 4큰술, 물 녹말, 소금 약간

 만드는 방법

① 닭안심을 3cm×1cm×1cm로 손질하여 소금, 청주, 참기름, 생강즙에 재운다.

② ①에 달걀을 넣고 주물러 준 다음 녹말가루를 입혀서 털어내고 녹말가루가 스며들면 기름에 2번 튀긴다.

③ 팬에 물, 설탕, 사과 발효액, 레몬즙, 소금을 넣고 끓으면 물녹말로 농도를 맞춘다.

④ ③에 맛기름을 넣어 윤기를 낸 다음 튀긴 닭안심을 넣고 버무린다.

Tip

1 닭안심 또는 가슴살이 부드럽고 맛있다.

2 녹말은 불린 녹말보다 마른 녹말을 사용하는 것이 바삭하다.

3 레몬즙은 신선한 레몬을 짜서 만드는 것이 더 맛있다.

4 오렌지주스에 설탕, 소금, 물녹말로 간편하게 소스를 만들어도 좋다.

깐풍기

재료

50인분
- ☐ 닭 2마리
- ☐ 달걀흰자 2개
- ☐ 녹말가루 3컵
- ☐ 식용유 적당

[닭양념]
- ☐ 양파즙 8큰술
- ☐ 청주 4큰술
- ☐ 소금 약간
- ☐ 후추 약간
- ☐ 참기름 3큰술

[소스]
- ☐ 홍고추, 풋고추 각 2개
- ☐ 양파 1개
- ☐ 마늘 3큰술
- ☐ 다진파 6큰술
- ☐ 생강 1쪽
- ☐ 건고추 3개
- ☐ 맛기름 2큰술
- ☐ 맛간장 4큰술
- ☐ 청주 4큰술
- ☐ 채소육수 2컵
- ☐ 설탕, 식초 각 6큰술
- ☐ 참기름 2큰술

4인분
닭 ½마리, 달걀흰자 ½개, 녹말가루 3/4컵, 식용유 적당량 **[닭양념]** 양파 즙 2큰술, 청주 1큰술, 소금, 후추 약간, 참기름 1큰술 **[소스]** 홍고추 1개, 풋고추 1개, 양파 ¼개, 마늘 1큰술, 다진파 2큰술, 생강 약간, 건고추 3개, 맛기름 1큰술, 맛간장 1큰술, 청주 1큰술, 채소육수 ½컵, 설탕 2큰술, 식초 2큰술, 참기름 ½큰술

 Tip
1 불린 녹말보다 녹말가루가 더 바삭하다.
2 닭에 녹말가루가 스며들기 전에 튀기면 기름이 탁해진다.
3 매운맛을 싫어하는 어린이는 고추대신 파프리카를 사용하면 좋다.

 만드는 방법

① 닭을 3cm×3cm로 썰어서 양파즙, 청주에 재워 수분을 뺀다.
② ①에 소금, 후추, 참기름을 넣고 양념한다.
③ ②에 달걀흰자 ½을 넣고 녹말가루를 묻혀서 털어내고 170℃ 기름에 두 번 튀긴다.
④ 풋고추, 홍고추를 0.3cm×0.3cm로 썰고 마늘, 파를 곱게 다진다.
⑤ 건고추, 생강을 어슷어슷 썰어 맛기름에 볶다가 건져 내고 파, 마늘을 볶다가 홍고추를 넣고 볶는다.
⑥ ⑤에 육수를 넣고 끓으면 맛간장, 청주를 넣고 소금, 설탕, 식초를 넣어서 소스를 만든다.
⑦ 소스에 닭을 넣어 버무리면서 풋고추를 넣고 마지막에 참기름으로 마무리하여 접시에 담는다.

소갈비찜

 재료

50인분

- ☐ 소갈비 4kg
- ☐ 밤 25개
- ☐ 표고버섯 12장
- ☐ 당근 1개
- ☐ 은행 50알
- ☐ 대추 50개
- ☐ 식용유 약간

[양념장 Ⅰ]

- ☐ 양파 1개
- ☐ 청주 8큰술
- ☐ 배 1개
- ☐ 물 3컵

[양념장 Ⅱ]

- ☐ 맛간장 1컵
- ☐ 다진파 12큰술
- ☐ 다진마늘 6큰술
- ☐ 참기름 6큰술
- ☐ 후춧가루 1큰술
- ☐ 깨소금 6큰술
- ☐ 잣 10큰술
- ☐ 복숭아 효소(또는 꿀)
  4큰술

4인분

소갈비 1kg, 밤 5개, 표고버섯 3장, 당근 ⅓개, 은행 10알, 대추 10개, 식용유 약간
[양념장 Ⅰ] 양파 ¼개, 청주 2큰술, 배 ¼개, 물 1.5컵
[양념장 Ⅱ] 맛간장 4큰술, 다진파 3큰술, 다진마늘 1.5큰술, 참기름 2큰술, 후춧가루 ½작은술, 깨소금 1.5큰술, 잣 3큰술, 복숭아 효소(또는 꿀) 1큰술

Tip
1 갈비에 간을 먼저 하면 갈비가 질기고 단단해진다.
2 표고버섯을 먼저 넣으면 간이 빨리 스며들어 짜다.

 만드는 방법

❶ 갈비에 기름을 제거하고 칼집을 넣어 물에 담가 핏물을 뺀다.

❷ 끓는 물에 ❶을 데쳐서 헹군다.

❸ 양파, 배를 강판에 갈아서 체에 내려 청주와 혼합하여 ❷에 재운다.

❹ 물 1½에 갈비를 넣고 익을 때까지 약불에서 끓인다.

❺ 끓인 갈비가 식었을 때 기름을 제거하면 좋다.

❻ 간장에 잣을 넣고 믹서기에 갈아서 파, 마늘, 참기름, 후추, 깨소금, 복숭아 효소(또는 꿀)을 넣고 양념장을 만든다.

❼ 기름을 제거한 소갈비에 만든 양념장을 넣고 찐다.

❽ 당근을 먹기 좋은 크기로 썰어서 모서리를 다듬고, 밤은 껍질을 벗겨서 ❼에 넣고 찐다.

❾ 표고를 불려 2~4등분하여 ❽에 넣고 찐다.

❿ 대추는 포를 떠서 잣을 넣고 말아서 ❾에 넣고 찐다.

⓫ 은행, 식용유, 소금을 넣고 볶아 껍질을 벗기고 ❿에 넣어 그릇에 담는다.

Tip 1 많은 양의 소갈비 찜을 할 때는 물의 양을 줄인다.
2 고기를 센불에서 삶으면 고기가 질겨지고 고기의 양도 적어진다.

돼지갈비찜

재료

50인분

- ☐ 돼지갈비 4kg
- ☐ 노랑 파프리카 1개
- ☐ 빨강 파프리카 1개
- ☐ 피망 1개
- ☐ 표고버섯 16장
- ☐ 양파 1개
- ☐ 감자 4개
- ☐ 된장 4큰술

[양념장]

- ☐ 맛간장 16큰술
- ☐ 조청 4큰술
- ☐ 다진마늘 6큰술
- ☐ 다진파 12큰술
- ☐ 깨소금 6큰술
- ☐ 참기름 6큰술
- ☐ 생강 약간
- ☐ 후춧가루 2작은술
- ☐ 청주 8큰술
- ☐ 한방육수(또는 물) 2컵

4인분

돼지갈비 1kg
노랑 파프리카 ¼개
빨강 파프리카 ¼개
피망 ¼개
표고버섯 4장
양파 ¼개
감자 1개
된장 1큰술

[양념장]

맛간장 4큰술
조청 1큰술
다진마늘 2큰술
다진파 3큰술
깨소금 2큰술
참기름 2큰술
생강 약간
후춧가루 ½작은술
청주 2큰술
한방육수(또는 물) 1.5컵

Tip

1 갈비는 흐르는 물에 핏물을 빼주면 냄새가 잘 빠진다.
2 갈비를 데칠 때 된장을 넣어 주면 냄새 제거에 도움이 된다.
3 갈비찜은 두꺼운 냄비에 약한 불에서 오래 쪄야 질기지 않다.
4 많은 양을 할 때는 갈비에 있는 수분으로 갈비가 익기 때문에 육수 양을 줄인다.

 만드는 방법

❶ 갈비는 손질하여 핏물을 뺀다.

❷ 끓는 물에 된장을 풀고 ❶을 데친 다음 헹군다.

❸ 파프리카, 양파, 표고를 먹기 좋은 크기로 손질한다.

❹ 갈비에 양념장을 ½ 넣고 볶다가 한방육수(또는 물)을 붓고 약한 불에서 찐다.

❺ ❹에 감자를 먹기 좋은 크기로 썰어 모서리 다듬어 넣고 끓이다가 양념장 ½을 넣고 찐다.

❻ ❺에 표고를 넣고 익힌 다음 양념 국물이 졸여졌을 때 파프리카, 양파를 넣고 센불에서 저어가며 윤기가 나도록 익힌다.

포크커틀릿

50인분
- ☐ 돼지고기 2kg
- ☐ 달걀 5개
- ☐ 우유 1컵
- ☐ 적포도주 ½컵
- ☐ 밀가루 약간
- ☐ 소금, 후추 약간씩
- ☐ 빵가루 700g
- ☐ 튀김기름 적당량
- ☐ 가니쉬(당근 2개, 감자 4개, 브로콜리 2개)

[소스 재료]
- ☐ 소고기 300g
- ☐ 당근 240g
- ☐ 셀러리 200g
- ☐ 양파 600g
- ☐ 양송이 150g
- ☐ 마늘 6큰술
- ☐ 천연토마토케첩 4컵
- ☐ 적포도주 1컵
- ☐ 월계수잎 4장
- ☐ 브라운루(버터 60g, 밀가루 60g)
- ☐ 소금, 후추 약간씩
- ☐ 브라운스톡(물) 6컵

4인분
돼지고기 400g, 달걀 1개, 우유 4큰술, 적포도주 2큰술, 밀가루 약간, 소금, 후추 약간씩, 빵가루 3컵. 튀김기름 적당량, 가니쉬(당근 ½개, 감자 1개, 브로콜리 ½개)

[소스 재료] 소고기 100g, 당근 80g, 셀러리 70g, 양파 200g, 양송이 50g, 마늘 2큰술, 천연토마토케첩 1컵, 적포도주 5큰술, 월계수잎 1장, 브라운루(버터 20g, 밀가루 20g), 소금, 후추 약간씩, 브라운스톡(물)2컵

 만드는 방법

❶ 돼지고기 100g을 0.8cm두께로 썰어서 연육하여 우유에 재운 다음 수분을 제거한다.

❷ ❶에 적포도주, 소금, 후추로 양념하여 밀가루, 달걀물, 빵가루 순으로 묻혀서 기름에 2번 갈색이 고루 나도록 튀긴 후 기름을 뺀다.

❸ 가니쉬 채소는 적당한 크기로 잘라 모양을 내고 소금물에 데친다.

❹ ❸의 재료를 버터를 녹인 팬에 살짝 볶아 소금, 후추로 간하여 윤기를 낸다.

 소스

❶ 소고기, 당근, 양파, 마늘, 양송이, 셀러리를 곱게 다진다.

❷ 토마토에 칼집을 넣어 데친 다음 껍질을 벗겨서 곱게 다진다.

❸ 팬에 버터를 녹인 다음 밀가루를 넣고 약한 불에서 갈색이 나도록 볶아 브라운루를 만든다.

❹ 팬에 마늘, 양파를 볶고 소고기, 당근, 셀러리, 양송이, 순서로 볶다가 케첩을 넣고 볶은 다음 브라운루, 적포도주, 월계수잎을 넣고 브라운스톡을 부어 끓인다.

❺ ❹에 농도가 맞으면 소금, 후추로 간하여 체에 내려 소스를 만든다.

❻ 접시에 포크커틀릿을 담고 소스를 얹는다.

생선커틀릿

재료

50인분
- ☐ 대구살(동태살) 2.5kg
- ☐ 달걀 6개
- ☐ 빵가루 1kg
- ☐ 밀가루 약간
- ☐ 우유 250cc
- ☐ 소금, 후춧가루 약간

[소스]
- ☐ 마요네즈 500g
- ☐ 사과 1개
- ☐ 오이피클 8개
- ☐ 파슬리 약간
- ☐ 다진양파 2개
- ☐ 레몬즙 1개
- ☐ 소금, 후춧가루 약간

4인분
대구살(동태살) 600g, 달걀 1.5개
빵가루 200g, 밀가루 약간
우유 50cc, 소금, 후춧가루 약간
[소스]
마요네즈 120g, 사과 ¼개
오이피클 2개, 파슬리 약간
다진양파 ½개, 레몬즙 ¼개
소금, 후춧가루 약간

① 대구살을 1cm 두께로 포를 떠서 우유에 재운다.

② ①을 수분을 뺀 다음 소금, 후추에 재운다.

③ 밀가루, 달걀물, 빵가루 순으로 묻혀서 기름에 2번 갈색이 고루 나도록 튀긴 후 기름을 뺀다.

④ 양파, 오이피클을 다진 다음 수분을 뺀다.

⑤ 사과를 곱게 다진다.

⑥ 파슬리를 곱게 다져서 면포에 싸서 헹군다.

⑦ 마요네즈에 ④~⑥을 넣고 소금, 후추, 레몬즙을 넣어 소스를 만든다.

⑧ 접시에 생선커틀릿을 담고 소스를 곁들인다.

과일탕수육

 재료

50인분
- [ ] 돼지고기 1.5kg(생강 1.5 큰술, 후춧가루 약간, 청주 5큰술, 맛간장 5큰술)
- [ ] 사과 250g
- [ ] 당근 250g
- [ ] 양파 250g
- [ ] 오이 250g
- [ ] 건목이버섯 50g
- [ ] 달걀 3개
- [ ] 물녹말 5컵
- [ ] 식용유 적당량

[소스]
- [ ] 다시마 육수 8컵 (1000cc)
- [ ] 천연토마토케첩 2컵
- [ ] 청주 5큰술
- [ ] 유자청 10큰술
- [ ] 설탕 1컵
- [ ] 식초 1컵
- [ ] 맛간장 ½컵
- [ ] 물녹말 10큰술

4인분
돼지고기 300g(생강, 후춧가루 약간, 청주 1큰술, 맛간장 1큰술), 사과 50g, 당근 50g, 양파 50g, 오이 50g, 건목이버섯 약간, 달걀 1개, 물녹말 1컵, 식용유 적당량 **[소스]** 다시마 육수 1컵(200cc), 천연토마토케첩 5큰술, 청주 1큰술, 유자청 2큰술, 설탕 4큰술, 식초 4큰술, 맛간장 2큰술, 녹말 1큰술

 Tip
1. 흰자를 넣어 오래 저으면 크게 부풀어지므로 주의한다.
2. 식성에 따라 설탕, 식초, 소금으로 소스맛을 조절한다.
3. 재료를 손질한 후 남은 채소를 이용해 육수를 만들면 더욱 좋다.
4. 과일은 다른 것으로 대체해서 사용해도 좋다.

  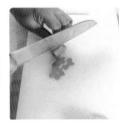 

 만드는 방법

❶ 돼지고기를 3cm×1.5cm×0.5cm로 포를 떠서 생강즙, 맛간장, 청주, 후추 약간, 참기름에 재운다.

❷ ❶에 달걀 흰자와 녹말가루를 묻혀 기름에 두 번 튀긴 다음 접시에 담는다.

❸ 사과를 8등분하여 씨를 제거하여 썰어 놓는다.

❹ 양파, 오이, 당근, 목이버섯은 먹기 좋은 크기로 손질한다.

❺ 다시마, 사과와 다듬고 남은 야채를 넣고 물을 끓여 체에 내린다.

❻ 팬에 맛기름를 넣고 양파를 볶다가 맛간장, 청주를 넣고 목이버섯을 넣어 볶다가 ❺의 육수를 붓고 끓인다.

❼ ❻에 사과, 당근을 넣고 천연케첩, 유자청, 식초, 설탕을 넣어 물녹말로 농도를 맞춘 다음 튀긴 고기와 오이를 넣어 살짝 버무려 접시에 담는다.

새우 케첩 볶음

 재료

50인분

- □ 새우 100마리
  (새우 양념: 소금, 후추, 청주, 생강즙)
- □ 녹말가루 2컵
- □ 달걀흰자 2개
- □ 사과 1개

[소스]

- □ 마늘 2큰술
- □ 생강 약간
- □ 홍고추 4개
- □ 풋고추 4개

- □ 맛기름 4큰술
- □ 청주 8큰술
- □ 천연케첩 2컵
- □ 설탕 5큰술
- □ 볶은 표고버섯
  가루 3큰술
- □ 볶은 다시마가루 1큰술
- □ 육수 1컵
- □ 참기름 2큰술

4인분

새우 20마리, (새우 양념: 소금, 후추, 청주, 생강즙) 녹말가루 ½컵, 달걀흰자 ½개, 사과 ¼개
[소스] 마늘 ½큰술, 생강 약간, 홍고추 1개, 풋고추 1개, 맛기름 2큰술, 청주 2큰술. 천연케첩 ½컵, 설탕 1큰술, 볶은 표고버섯 가루 1큰술, 볶은 다시마가루 1작은술, 육수 ⅓컵, 참기름 ½큰술

 만드는 방법

❶ 새우를 소금물에 씻어 내장을 제거한 후에 껍질을 벗긴다.

❷ 새우 안쪽에 칼집을 넣어 소금, 후추, 청주, 생강즙에 재운다.

❸ 달걀흰자에 녹말가루를 혼합하여 새우에 입혀서 기름에 두 번 튀긴다.

❹ 사과는 0.5cm 크기로 깍뚝썰기 한다.

❺ 풋고추, 홍고추를 0.3cm×0.3cm로 썰어 놓는다.

❻ 마늘, 생강은 곱게 다져서 맛기름에 볶은 다음 청주를 넣고 볶는다.

❼ ❻에 ❹, ❺를 볶다가 케첩을 넣고 볶는다.

❽ ❼에 설탕, 표고가루, 다시마가루, 소금을 넣고 끓이다가 ❸을 넣어 버무린 다음
참기름을 넣고 마무리하고 접시에 담는다.

Tip　1 소스에 다시마가루와 표고가루를 사용하면 물 녹말가루를 사용하지 않아도 된다.
　　2 새우 껍질을 끓여서 육수로 사용하면 좋다.

바싹 불고기

재료

50인분
- [ ] 소고기(채끝살) 2.4kg
- [ ] 영양부추 600g
- [ ] 잣가루 6큰술

[양념장]
- [ ] 맛간장 16큰술
- [ ] 마늘 8큰술
- [ ] 대파 12큰술
- [ ] 복숭아 발효액 8큰술
- [ ] 청주 8큰술
- [ ] 후춧가루 1작은술
- [ ] 깨소금 6큰술
- [ ] 참기름 6큰술

4인분
소고기(채끝살) 600g, 영양부추 200g, 잣가루 2큰술 **[양념장]** 맛간장 4큰술, 마늘 2큰술, 대파 3큰술, 복숭아 발효액 2큰술, 청주 2큰술, 후춧가루 약간, 깨소금 1.5큰술, 참기름 2큰술

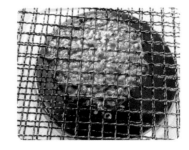

만드는 방법

❶ 소고기를 사방 2cm×0.1cm 얇게 썰어서 핏물을 제거한다.

❷ 양념장을 만들어서 고기에 넣어 많이 치댄다.

❸ ❶을 지름 20cm로 둥글게 만들어 기름칠하여 달군 석쇠에 굽는다.

❹ 영양부추는 씻어 수분을 뺀 다음 3cm길이로 썰어 놓는다.

❺ 접시에 영양부추를 펴 놓고 ❸을 담고 잣가루를 얹는다.

Tip 고기를 너무 곱게 다지면 식감이 떨어진다.

Part
3

건강한 간식거리 만들기

약식

 재료

50인분

☐ 찹쌀 1.6kg
☐ 황설탕 ⅔컵
☐ 밤 600g
☐ 대추 300g

☐ 잣 120g
☐ 진간장 8큰술
☐ 계피가루 2큰술(통계피120g)
☐ 참기름 8큰술

4인분

찹쌀 800g, 황설탕 ⅓컵, 밤 300g,
대추 150g, 잣 60g, 진간장 4큰술,
계피가루 1큰술(통계피 60g), 참기
름 4큰술

 Tip
1 압력 밥솥에 따라서 물의 양이 달라질 수 있다.
2 계피가루 대신 대추씨와 통계피를 넣어 끓인 물을 사용하면 더욱 맛있다.

 만드는 방법

❶ 찹쌀을 씻어서 30분 불린다.

❷ 대추를 씻어서 포를 뜬 다음 6등분하여 썰어 놓는다.

❸ 대추씨에 물을 5컵 넣고 끓여서 2컵 정도가 되면 체에 내린다.

❹ 밤은 껍질을 벗겨서 2cm 크기로 썰어 놓는다.

❺ ❸에 황설탕, 계피가루, 진간장을 넣고 설탕이 녹을 때까지 끓여 식힌다.

❻ ❺를 압력 밥솥에 넣고 찹쌀과 참기름 2큰술을 넣어 물 높이를 쌀 높이의 0.6cm 위로 맞춘 다음 대추, 밤을 넣어 밥을 짓는다(소리가 나면 2~3분 후에 약불로 2~3분간 뜸을 들여 불을 끈다).

❼ 약식을 그릇에 담고 참기름 2큰술, 잣을 넣어서 혼합하여 모양을 만든다.

조랭이 우유 떡볶이

재료

50인분
- ☐ 조랭이떡 1.6kg
- ☐ 맛간장 4큰술
- ☐ 소금 약간
- ☐ 참기름 4큰술
- ☐ 통깨 4큰술
- ☐ 애느타리버섯 200g
- ☐ 새송이버섯 200g
- ☐ 적채 120g
- ☐ 양파 2개
- ☐ 피망 2개
- ☐ 노란피망 2개
- ☐ 우유 2컵(생크림)
- ☐ 맛기름 8큰술
- ☐ 모짜렐라 치즈

4인분
조랭이떡 400g, 맛간장 1큰술, 참기름 1큰술, 통깨 1큰술, 애느타리버섯 50g, 새송이버섯 50g,
적채 30g, 양파 ½개, 청피망 ½개, 노란피망 ½개, 우유 ½컵(생크림), 맛기름 2큰술, 모짜렐라 치즈

만드는 방법

❶ 조랭이떡은 끓는 물에 데친 다음 뜨거울 때 맛간장, 참기름으로 양념한다.

❷ 채소를 각각 3cm 길이로 채 썬 다음 소금간하여 맛기름에 볶는다.

❸ 버섯을 데친 후 물기를 짜고 양념장에 무친 다음 살짝 볶는다.

❹ ❶과 ❸을 볶으며 우유를 넣고 조리다가 ❷를 넣어 통깨와 참기름을 넣는다.

Tip
1 가래떡은 썰어 사용해도 좋다(단단한 것은 데쳐서 사용한다).
2 애느타리버섯 대신 표고버섯, 새송이버섯 , 목이버섯 등으로 대체해도 된다.
3 떡은 데친 후 물에 헹구지 말고 뜨거울 때 양념에 버무린다.
4 떡은 볶지 않으므로 양념장을 한번 끓여 사용한다.
5 느타리버섯은 기름에 볶으면 기름 양이 많이 들어가므로 끓는 물에 데친 후 양념해서 볶아야 맛이 좋다.

치즈 햄 롤 샌드위치

재료

50인분
- ☐ 식빵 50장
- ☐ 슬라이스 치즈 50장
- ☐ 슬라이스 햄 50장
- ☐ 스프레드 치즈 20큰술
- ☐ 꿀 10큰술
- ☐ 오이 3개

4인분
식빵 4장
슬라이스 치즈 4장
슬라이스 햄 4장
스프레드 치즈 2큰술
꿀 ½큰술
오이 ¼개

 만드는 방법

❶ 식빵은 가장 자리를 잘라내고 밀대로 얇게 밀어 준비한다.

❷ 스프레드 치즈에 꿀을 넣어 잘 섞어 준비한다.

❸ 오이를 필러로 얇고 길게 썬다.

❹ 식빵 한 면에 ❷의 치즈를 고루 펴 바르고 햄과 치즈를 넣어 돌돌 잘 말아 랩으로 싼다.

❺ 크기를 일정하게 썬 후 오이를 접어 얹고 풀어지지 않게 꼬치로 꽂아 접시에 예쁘게 담는다.

단호박 크레페

재료

50인분
[반죽]
- □ 밀가루 3컵
- □ 우유 800mL
- □ 설탕 4큰술
- □ 소금 1작은술
- □ 달걀 6개
- □ 버터 6큰술

[단호박 퓨레]
- □ 단호박 3개
- □ 아몬드 1.5컵
- □ 우유 ¾컵
- □ 생크림 ¾컵
- □ 설탕 6큰술
- □ 소금 1.5큰술

4인분
[반죽] 밀가루 ¾컵, 우유 200mL, 설탕 1큰술, 소금 약간, 달걀 2개, 버터 2큰술
[단호박 퓨레] 단호박 1개, 아몬드 ½컵, 우유 ¼컵, 생크림 ¼컵, 설탕 2큰술, 소금 ½큰술

만드는 방법

❶ 반죽은 먼저 밀가루에 설탕과 소금을 넣어 체에 내린다.

❷ 버터를 실온에 두어 부드럽게 만든 후 우유와 달걀을 넣어 잘 섞은 후 ❶의 밀가루를 넣어 거품기로 잘 풀어 체에 내린다.

❸ 냉장고에 하루 숙성시킨다.

❹ 단호박은 찜통이나 냄비에 쪄서 껍질을 벗기고 주걱으로 잘 으깬다.

❺ 아몬드는 먹기 좋은 크기로 굵직하게 다진다.

❻ 단호박에 ❺와 우유, 생크림을 넣고 설탕, 소금을 단호박 당도에 따라 조절하여 고루 섞어준다.

❼ 팬에 크레페 반죽을 한 수저씩 고루 편 다음 약불에서 서서히 색이 변하지 않게 잘 익힌다.

❽ ❼의 크레페를 펴고 가운데 단호박 퓨레를 넣고 먹기 좋은 모양으로 접는다.

단호박 전

재료

50인분
- ☐ 단호박 2.5kg
- ☐ 쌀가루 600g
- ☐ 홍 · 청고추 4개
- ☐ 소금 약간
- ☐ 맛기름 약간

4인분
단호박 500g
쌀가루 130g
홍 · 청고추 1개
소금 약간
맛기름 약간

만드는 방법

1. 단호박은 껍질을 제거하고 속은 숟가락으로 파내어 채 썰거나 강판에 갈아 놓는다.
2. 쌀가루를 소금에 섞어 체에 내려 ①을 넣어 반죽한다.
3. 달군 팬에 맛기름을 두르고 적당한 크기로 만든다.
4. 홍 · 청고추로 고명을 만들어 위에 올려 지져내어 완성한다.

Tip 단호박은 속을 제거하고 껍질을 벗겨낼 때 조심하여야 한다.

바나나 춘권 튀김

재료

50인분
- ☐ 바나나 20개
- ☐ 팥앙금 2컵
- ☐ 땅콩 12큰술
- ☐ 녹말 약간
- ☐ 춘권피 20장
- ☐ 튀김유 1L

4인분
바나나 5개
팥앙금 ½컵
땅콩 3큰술
녹말 약간
춘권피 5장
튀김유 1L

만드는 방법

❶ 땅콩은 굵게 다져서 팥에 넣어 섞어 준비한다.

❷ 바나나는 양쪽 끝을 자르고 가운데를 긁어 홈을 파고 팥을 볼록하게 채우고 위에 녹말을 솔솔 뿌린 후 바나나를 맞덮어 꼭 붙인다.

❸ 춘권피에 바나나를 넣고 잘 말아 놓는다.

❹ 튀김 팬에 기름을 넉넉히 부어 가열하여 ❸의 바나나를 노릇하게 튀겨낸 다음 모양있게 썬다.

바나나 사과 샌드위치

재료

50인분
- ☐ 모닝빵 50개
- ☐ 바나나 25개
- ☐ 사과 7개
- ☐ 땅콩 버터 2컵
- ☐ 시나몬 파우더 약간

4인분
모닝빵 5개
바나나 3개
사과 1개
땅콩 버터 ½큰술
시나몬 파우더 약간

 만드는 방법

❶ 모닝빵의 한쪽면에 땅콩 버터를 고루 바른다.

❷ 바나나는 껍질을 벗겨 반으로 잘라 길게 썰고 사과도 바나나 길이로 썰어 준비한다 .

❸ ❶의 모닝빵에 바나나와 사과를 올리고 시나몬 파우더를 뿌린 후 땅콩 버터를 바른 모닝빵을 덮는다.

❹ ❸의 샌드위치를 예열한 오븐에 넣어 노릇하게 구워낸다.

두부 스테이크

재료

50인분

☐ 두부 800g
☐ 다진 돼지고기 150g
☐ 다진양파 160g
☐ 표고버섯 4개
☐ 홍피망 100g
☐ 다진파 4큰술
☐ 마늘 2큰술
☐ 참기름 1큰술
☐ 소금, 후추 약간
☐ 녹말가루 8큰술
☐ 달걀노른자 6개
☐ 파슬리 약간

[소스]

☐ 천연케첩 또는 스테이크 소스
   (돈가스 소스를 사용해도 좋다)

4인분
두부 200g, 다진 돼지고기 40g, 다진양파 40g, 표고버섯 1개, 홍피망 20g, 다진파 · 마늘 약간, 참기름 1작은술, 소금 ½작은술, 소금, 후추 약간, 녹말가루 2큰술, 달걀노른자 2개, 파슬리 약간
[소스] 천연케첩 또는 스테이크 소스(돈가스 소스를 사용해도 좋다)

 만드는 방법

❶ 두부를 물기를 뺀 다음 으깨고 다진 돼지고기를 넣고 버무린다.

❷ 다진양파, 다진 표고버섯, 다진 홍피망을 볶아준다.

❸ ❶과 ❷에 다진 파, 다진 마늘, 참기름, 소금, 후추를 넣어 섞어준다.

❹ 두부 반죽이 끈기가 생겨 손으로 뭉칠 수 있도록 손으로 조물조물 섞어 찰기 있게 만든다.
   계속 치대준 다음 스테이크 모양처럼 납작하고 동그랗게 빚는다.

❺ 녹말가루를 넓은 접시 위에 펼쳐두고, 달걀노른자를 풀어준다.

❻ 반죽된 두부를 녹말가루에 묻힌 다음 달걀옷을 입혀 약한 불에서 은근하게 구워준다.

❼ 구운 두부 스테이크를 그릇에 세팅한 후 파슬리로 장식한다.

❽ 마무리로 천연케첩 또는 스테이크 소스를 얹는다.

Tip
1 햄버거용 빵 사이에 두부 스테이크를 패티(patty)로 이용하여도 좋다.
2 파슬리는 곱게 다져 물기를 제거하여 뿌려야 뽀송하고 맛이 강하지 않다.

사과 마멀레이드 전병

 재료

50인분
- ☐ 사과 1kg
- ☐ 꿀 120g
- ☐ 물 4큰술
- ☐ 밀가루 4컵
- ☐ 우유 800g
- ☐ 달걀 4개
- ☐ 소금 약간
- ☐ 버터 ½컵
- ☐ 슈거파우더
　　또는 계피가루 약간

4인분
사과 250g, 꿀 30g, 물 2큰술, 밀가루 1컵, 우유 1컵, 달걀 1개, 소금 약간, 버터 2큰술, 소금 약간, 슈거파우더 또는 계피가루 약간

 Tip
1 밀전병 조리 시 기름을 적게 사용하여야 한다.
2 밀가루와 물의 반죽의 농도가 중요하고 전병은 얇아야 부드럽고 맛있다.
3 사과가 단맛이 강할 때는 꿀량을 조절한다.

 만드는 방법

❶ 사과를 깨끗이 씻어 작은 크기로 얇게 썬다.
❷ 약한 불에서 토막 낸 사과와 꿀을 넣은 후 젤 상태가 될 때까지 졸여 사과 마멀레이드를 완성한다.
❸ 버터를 중탕에서 녹여 식힌다.
❹ ❸에 우유, 달걀을 넣고 밀가루와 소금을 넣어 반죽하여 체에 내린 다음 약한 불에서 전병을 두께 0.2mm, 지름을 8cm로 부친다.
❺ 완성된 전병 사이에 사과 마멀레이드를 넣고 반으로 접어 접시에 담는다. 슈거파우더 또는 계피가루로 장식한다.

미니콩 버거

재료

50인분
- ☐ 모닝빵 50개
- ☐ 장단콩 2kg
- ☐ 연근 600g
- ☐ 우엉 300g
- ☐ 전분과 밀가루 1컵
- ☐ 깨소금 3큰술
- ☐ 설탕 3큰술
- ☐ 사과 500g
- ☐ 상추10개
- ☐ 버터 200g
- ☐ 소금 약간
- ☐ 천연케첩 1컵

Tip
1. 장단콩을 삶을 때 살짝 삶아야 고소한 맛이 난다.
2. 물에 불릴 때 1:1.5의 양으로 불린다.

4인분
모닝빵 4개, 장단콩 200g, 연근 150g, 우엉 70g, 전분과 밀가루 2큰술, 깨소금 1큰술, 설탕 1큰술, 사과 40g, 상추 약간, 버터 2큰술, 소금 약간, 천연케첩 2큰술

만드는 방법

❶ 장단콩을 물에 불린 후 살짝 삶는다.

❷ 삶은콩을 믹서기에 간다.

❸ 연근과 우엉을 데친 후 0.3cm×0.3cm 다진다.

❹ ❷와 ❸에 전분과 밀가루, 깨소금과 설탕을 넣어 버무려 함께 치댄 후 팬에 지진다.

❺ 연근을 0.3cm두께로 얇게 썰어 식초물에 담갔다가 생으로 사용하거나, 식초물에 데쳐서 사용한다.

❻ 사과도 0.3cm 두께로 얇게 썬다.

❼ 상추를 물에 담가 물기를 제거하여 롤빵 크기로 자른다.

❽ 모닝빵을 살짝 구운상태에서 버터를 바르고 ❹, ❺, ❻, ❼을 넣고 케첩을 발라 모양 있게 쌓아 마무리한다.

Tip
1. 장단콩은 쥐눈이콩의 다른 이름이고, 서리태로 해도 좋다.
2. 사과의 갈변을 방지하기 위해 설탕이나 소금을 살짝 뿌린다.

호두 튀김

재료

50인분
☐ 호두 2kg
☐ 물엿 320g
☐ 물 320g
☐ 설탕 960g
☐ 튀김기름 0.9L

 만드는 방법

❶ 호두를 끓는 물에 데친 다음 찬물에 헹궈 떫은 맛을 제거한다.

❷ 물엿, 설탕, 물을 넣고 끓여 시럽을 만든다(시럽을 만들 때는 저어서는 안된다).

❸ ❷에 호두를 넣고 시럽에 버무려 체로 건져 시럽물을 뺀다.

❹ 기름이 170°가 되면 호두를 넣고 저어가면서 튀긴 후 체로 건진다.

❺ 다시 호두를 ❷의 시럽에 넣었다가 뺀 다음 다시 기름에 튀기고 기름을 제거한다.

Tip   호두량은 1kg 단위로 하는 것이 편리하다.

Part 3_건강한 간식

삼색떡 케이크

재료

50인분

[딸기(비트)]	[블루베리(포도)]
☐ 쌀가루 1kg	☐ 쌀가루 1kg
☐ 소금 ⅔큰술	☐ 소금 ⅔큰술
☐ 설탕 ⅔컵	☐ 설탕 ⅔컵
☐ 딸기 400g	☐ 블루베리 400g

[단호박]

☐ 쌀가루 1kg
☐ 소금 ⅔큰술
☐ 설탕 ½컵
☐ 단호박 삶은 것 1.5컵

 Tip

1 쌀가루 1Kg이면 어른 4~5인분용이다.

2 쌀 800g을 불려 가루를 만들면 쌀가루가 1kg이 된다.

3 쌀을 씻어 겨울에는 10~12시간 여름에는 6~8시간 불려 수분을 잘 뺀다.

4 방앗간에서 빻을 때 물을 넣지 않아야 부재료(단호박, 딸기)를 많이 넣을 수 있다(충분히 불리면 떡이 쉽게 굳지 않고 부드럽다).

 만드는 방법

❶ 딸기나 포도, 블루베리를 씻어 믹서기에 갈고 체에 내린다.

❷ ❶를 1컵으로 졸인다.

❸ 쌀가루에 소금과 ❷를 넣고 체에 두 번 내린다.

❹ ❸에 설탕을 넣고 체에 내려 찜통에 찐다.

❺ 단호박을 반으로 썰어 씨를 제거하고 찜통에서 익을 때까지 찐다.

❻ 단호박 껍질을 벗겨 체에 내린다.

❼ 쌀가루에 소금을 넣고 ❻을 넣어 체에 두 번 내린다.

❽ ❼에 설탕을 넣고 다시 체에 내린다.

❾ 찜통에 면포를 펴 놓고 ❼을 넣고 쎈 불에서 찌다가 김이 오르면 약 15~20분간 찐다.

고구마 경단

재료

50인분

☐ 고구마 2kg
☐ 빵가루 2컵
☐ 우유 3컵
☐ 설탕 8큰술
☐ 소금 1큰술
☐ 통아몬드 다진것 3컵

[고물]

☐ 카스텔라 6개
☐ 아몬드 슬라이스 4컵

4인분

고구마 500g, 빵가루 ½컵, 우유
3/4컵, 설탕 2큰술, 소금 1작은술,
통아몬드 다진 것 1컵 **[고물]** 카스텔
라2개, 아몬드 슬라이스 1컵

 만드는 방법

❶ 고구마는 껍질째 냄비에 물을 붓고 올려 젓가락으로 찔러 부드럽게 들어갈 정도로 푹 익힌다.

❷ ❶의 고구마가 한 김 식으면 껍질을 벗기고 주걱으로 잘게 으깬다.

❸ ❷의 고구마에 설탕, 소금을 넣어 간하고 우유와 빵가루, 아몬드 다진 것을 넣어 고루
잘 섞는다.

❹ 고물로 카스텔라를 진한색의 것과 색이 연한 것을 따로 하여 체에 내려 준비하고
아몬드 슬라이스도 묻히기 좋게 잘게 손으로 부숴놓는다.

❺ ❸의 고구마를 지름 2cm의 원형으로 동그랗게 빚어 각각의 고물에 굴려낸다.

❻ 꼬치에 한입에 먹기 좋게 꿰어 접시에 담아 완성한다.

Tip 고구마의 수분이 적은 밤 고구마는 우유를 넣어 부드럽게 만들고 설탕은 고구마의 단맛에 따라 가감하여 사용한다.

Part 3_건강한 간식

떡꼬치구이

재료

50인분
- ☐ 떡볶이떡 2kg
- ☐ 모짜렐라 치즈 400g
- ☐ 파슬리 가루 약간
- ☐ 맛기름 9큰술
- ☐ 천연케첩 1.5컵
- ☐ 고추장 1큰술
- ☐ 다진마늘 3큰술
- ☐ 양파 1개
- ☐ 적포도주 10큰술
- ☐ 조청 10큰술
- ☐ 후춧가루 약간
- ☐ 참기름 3큰술

4인분
떡볶이떡 400g, 모짜렐라 치즈 100g, 파슬리 가루 약간, 맛기름 3큰술, 천연케첩⅓컵, 고추장 ½큰술, 다진마늘 1큰술, 양파 ¼개, 적포도주 2큰술, 조청 2큰술, 후춧가루 약간, 참기름 1큰술

Tip
1 물을 넣지 않으면 떡이 잘 탄다.
2 천연케첩만 사용하여도 맛이 좋다.
3 180℃ 오븐에 3분간 굽는다.

만드는 방법
❶ 팬에 맛기름 2큰술을 두르고 떡을 넣어 노릇노릇 구워 꼬치에 4개씩 끼운다.
❷ 양파는 강판에 갈고, 마늘은 곱게 다진다.
❸ 팬에 맛기름 1큰술을 넣고 ❷를 볶는다.
❹ ❸에 천연케첩, 고추장을 넣고 볶다가 적포도주, 조청을 넣고 조린 다음 후춧가루, 참기름을 넣어 소스를 만든다.
❺ ❶에 소스를 묻혀 팬에 놓고 치즈를 다져서 뿌리고 물 2~3큰술을 가장자리에 뿌린 다음 뚜껑을 덮고 약한 불에서 치즈가 녹을 때까지 익혀 접시에 담고 파슬리 가루를 뿌린다.

김치밥 크로켓(코로케)

재료

50인분

□ 밥 3.2kg
□ 김치 1.2kg
□ 표고버섯 20장
□ 양파 400g
□ 대파 2개
□ 당근 320g
□ 소고기(돼지고기) 800g
□ 깻잎 40장
□ 볶은 표고가루 8큰술
□ 볶은북어가루 8큰술
□ 빵가루 1kg
□ 밀가루 3컵
□ 달걀 10개
□ 맛간장 6큰술
□ 다진마늘 4큰술
□ 맛기름 10큰술
□ 깨소금 4큰술
□ 참기름 4큰술
□ 후춧가루 약간씩
□ 튀김기름 적당량

4인분

밥 800g, 김치 300g, 표고버섯 5장, 양파 100g, 대파 ½개, 당근 80g, 소고기(돼지고기) 200g, 깻잎 10장, 볶은 표고가루 2큰술, 볶은 북어가루 2큰술, 빵가루 300g, 밀가루 한 컵, 달걀 3개, 맛간장 2큰술, 다진마늘 ½큰술, 맛기름 4큰술, 깨소금 1큰술, 참기름 1큰술, 후춧가루 약간씩, 튀김기름 적당량

Tip
1 센 불에서 빨리 튀겨야 부서지지 않는다.
2 김치는 비타민B, C가 많으며 단백질, 지방, 당질을 분해하는 효소가 있어 어려서부터 김치 먹는 습관을 들이는 것이 좋다.

만드는 방법

❶ 김치는 속을 털어내고 곱게 다져서 꼭 짠 후 맛기름에 볶는다.
❷ 표고버섯을 곱게 다져서 맛간장으로 양념하여 맛기름에 볶는다.
❸ 당근, 양파를 곱게 다져서 각각 볶는다.
❹ 소고기를 맛간장, 파, 마늘, 깨소금, 후춧가루, 참기름에 무쳐 볶는다.
❺ 밥에 ❶~❹를 넣고 표고가루, 북어가루, 후추, 깨소금, 참기름을 넣어 혼합하여 타원형으로 만든다.
❻ 깻잎을 1~2cm 길이로 썰어서 ❺를 넣고 감아서 밀가루, 달걀, 빵가루를 묻혀서 190℃ 기름에 튀긴다.

감자크로켓(코로케)

재료

50인분

- ☐ 감자 1.2kg
- ☐ 소고기(간 것)400g
- ☐ 양파 320g
- ☐ 당근 200g
- ☐ 셀러리 200g
- ☐ 튀김기름 1,800cc
- ☐ 맛간장 2큰술
- ☐ 맛기름 10큰술
- ☐ 볶은 표고가루 8큰술
- ☐ 볶은 황태가루 8큰술

- ☐ 파
- ☐ 마늘
- ☐ 깨소금
- ☐ 소금, 후춧가루
  약간씩

[튀김옷]
- ☐ 달걀 8개
- ☐ 밀가루 2컵
- ☐ 빵가루 8컵

4인분

감자 300g, 소고기(간 것)100g, 양파 80g, 당근 50g. 셀러리 50g, 튀김기름 900cc, 맛간장 ½큰술, 맛기름 3큰술, 볶은 표고가루 2큰술, 볶은 황태가루 2큰술, 파, 마늘, 깨소금, 소금, 후춧가루 약간씩 **[튀김옷]** 달걀 2개, 밀가루 ½컵, 빵가루 2컵

 만드는 방법

❶ 감자는 껍질을 벗겨서 찜통에 찐 다음 뜨거울 때 체에 내린다.

❷ 양파, 당근, 셀러리를 곱게 다진 다음 맛기름에 각각 볶으면서 소금으로 간한다.

❸ 소고기, 파, 마늘, 맛간장, 참기름, 후추, 깨소금을 넣고 양념하여 볶는다.

❹ ❶~❸에 표고가루, 황태가루, 소금, 후추를 넣고 혼합하여 둥글게 만들어서 밀가루, 달걀, 빵가루를 묻혀서 190℃ 기름에 노릇하게 튀긴다.

Tip
1 감자는 껍질을 벗겨서 쪄야 솔라닌독성을 제거할 수 있다.
2 튀길 때 높은 온도에서 빨리 튀겨 내야 부서지지 않는다.
3 감자가 뜨거울 때 체에 내려야 보슬보슬하게 된다.

오렌지 드레싱 샐러드

 재료

50인분
- ☐ 닭 가슴살 10조각
- ☐ 샐러드용 쌈채 400g
- ☐ 양파 2개
- ☐ 청오이 2개
- ☐ 방울토마토 40알

[닭 밑간]
- ☐ 포도씨유 10큰술
- ☐ 화이트와인 5큰술
- ☐ 소금, 통후추 약간

[만다린드레싱]
- ☐ 오렌지 과육 5개분
- ☐ 포도씨유 ¼컵
- ☐ 식초 10큰술
- ☐ 레몬즙 10큰술
- ☐ 복숭아 발효액 20큰술
- ☐ 후추 약간

4인분
닭 가슴살 2조각, 샐러드용 쌈채 80g, 양파 ½개, 청 오이 ½개, 방울토마토 10알 **[닭 밑간]** 포도씨유 2큰술, 화이트 와인 1큰 술, 소금, 통 후추 약간 **[만다린드레싱]** 오렌지 과육 1개분, 포도씨유 ¼컵, 식초 2큰술, 레몬즙 2큰술, 복숭아 발효액 4큰술, 후추 약간

 만드는 방법

❶ 닭 가슴살은 분량의 재료로 밑간한 후 달군 팬에 노릇하게 구워 어슷하게 저며 썬다.

❷ 샐러드용 쌈채는 한 입 크기로 뜯어 찬물에 담갔다 건지고 양파와 오이는 곱게 채 썰어 찬물에 담갔다 건진다.

❸ 드레싱 재료를 믹서에 넣고 곱에 갈아 차게 보관한다.

❹ 접시에 채소를 고루 담고 닭가슴살을 올리고 드레싱을 고루 뿌려 낸다.

요거트 과일 샐러드

 재료

50인분
- [ ] 바나나 8개
- [ ] 사과 2개
- [ ] 천도복숭아 4개
- [ ] 키위 4개
- [ ] 플레인요거트 8개
- [ ] 견과믹스 2컵
- [ ] 긴크래커 20개
- [ ] 초콜릿 약간

4인분
바나나 2개, 사과 ½개, 천도복숭아 1개, 키위 1개, 플레인 요거트 2개, 견과 믹스 ½컵, 긴 크래커 5개, 초콜릿 약간

 만드는 방법

❶ 과일은 먹기 좋은 크기로 썰어 투명한 컵에 담는다.

❷ 초콜릿은 잘게 부수고, 견과도 굵직하게 다진다.

❸ ❶의 과일 위에 요거트를 올리고 견과와 초콜릿, 과자로 장식한다.

단호박 라떼

 재료

50인분
- □ 단호박 800g
- □ 사과 2개
- □ 우유 8컵
- □ 꿀(식성에 따라 넣는다.)

4인분
단호박 200g
사과 ½개
우유 2컵
꿀(식성에 따라 넣는다.)

 만드는 방법

❶ 단호박은 반으로 갈라 씨를 제거하고 찜통에 익힌다.
❷ 한 김 식혀 껍질을 벗기고 적당한 크기로 자른다. 사과도 껍질을 벗겨 적당한 크기로 자른다.
❸ 모든 재료를 믹서에 넣고 곱게 간다.

메론 요구르트

50인분
- ☐ 메론 600g
- ☐ 바나나, 레몬 각 2개씩
- ☐ 요구르트 1.5컵
- ☐ 우유 2컵

4인분
메론 150g
바나나, 레몬 ½개씩
요구르트 ⅓컵
우유 ½컵

 만드는 방법

❶ 메론과 바나나, 레몬은 잘게 썬다.
❷ 믹서에 준비한 재료와 요구르트, 우유를 넣고 곱게 간다.

특별 부록

영양소 식품군

2주일 식단표

색인

1일 식단표

영양소 식품군

영양소의 구성이 비슷한 것끼리 모아서 6가지 식품군 – 곡류군, 어육류군, 채소군, 지방군, 우유군, 과일군 – 으로 나눈다.

식품군에 속하는 식품들은 서로 바꾸어 먹을 수 있으며, 바꾸어 먹을 때 기준으로 사용하는 양을 **1교환단위**라고 하는데, 이는 같은 열량과 영양소가 들어 있는 식품의 무게를 정해 놓은 것이고, 목측량도 함께 있으니 참고하기를 바란다.

1. 각 식품군의 1 교환단위당 영양소 함량

식품군		당질(g)	단백질(g)	지방(g)	열량(kcal)
곡류군		23	2	–	100
어육류군	저지방군	–	8	2	50
	중지방군	–	8	5	77
	고지방군	–	8	8	104
채소군		3	2	–	20
지방군		–	–	5	45
우유군		11	6	6	122
과일군		12	–	–	48

2. 곡류군의 식품과 목측량 및 교환량

교환당 영양소 함량 당질:23g / 단백질:2g / 열량:100kcal

식품명	무게(g)	목측량	식품명	무게(g)	목측량
밥류			**국수류**		
쌀밥	70	⅓ 공기	마른 국수	30	
보리밥	70	⅓ 공기	삶은 국수	90	½ 공기
			메밀 국수	30	
알곡류 및 가루제품			당면(마른것)	30	
백미	30	3큰술	냉면(마른것)	30	
현미	30	3큰술			
찹쌀	30	3큰술	**묵류**		
보리(쌀보리)	30	3큰술	메밀묵	200	
미숫가루	30	5큰술	도토리묵	200	½ 모

밀가루	30	5큰술	녹두묵	100	
율무	30	3큰술			
차수수	30	3큰술	**감자류 및 옥수수류**		
차조	30	3큰술	감자	130	중 1 개
팥(붉은 것)	30	3큰술	고구마	100	중 ½ 개
녹말가루	30	5큰술	토란	130	1 컵
			옥수수	50	¾ 컵
빵류			콘플레이크	30	¾ 컵
머핀(옥수수)	35	중 ½개			
모닝빵	35	중 1개	**기타**		
바게트빵	35	중 2쪽	밤(생것)	60	중 6 개
식빵	35	1쪽	은행	60	
햄버거빵	35	1쪽	오트밀	30	⅓ 컵
			크래커	20	5 개
떡류					
가래떡	50	썰은 것 11			
시루떡	50	3개(3X2.5X1.5cm)			
인절미	50	3개(3X2.5X1.5cm)			

식품 중량표 곡류

단위 : g

식품명	1컵	식품명	1컵	식품명	1컵	식품명	1컵
현미	180	율무	165	맵쌀	180	차조	170
맵쌀가루	100	밀가루	95	찹쌀	180	콩	160
찹쌀가루	100	팥	165	보리	180	참깨	120
차수수	170	흑임자	95				

식품 중량표 채소류

단위 : g

식품명	1개(중간크기)	식품명	1개(중간크기)	식품명	1개(중간크기)	식품명	1개(중간크기)
배추	2,000	애호박	300	무	1,000	늙은호박	1,500
감자	200	양파	150	고구마	150	청고추	15
당근	200	홍고추	20	오이	200	건표고버섯	5

3-1. 저지방 어·육류군의 식품과 목측량 및 교환량

단백질 : 8g /지방 :2g /열량 : 50kcal

식품명	무게(g)	목측량	식품명	무게(g)	목측량
고기류			**건어물류 / 가공품**		
닭고기(껍질, 기름 제거한 살코기)	40	소 1토막	건오징어채	15	
닭 간	40		굴비	15	½ 토막
돼지고기(기름기 전혀 없는 살코기)	40	로스용 1장(12×10.3cm)	멸치(간것)	15	¼ 컵
쇠고기(사태, 홍두깨살)	40	로스용 1장(12×10.3cm)	뱅어포	15	1장
소 간	40	3큰술	북어	15	½ 토막
토끼고기	40		쥐치포	15	
칠면조(껍질제거)	40	3큰술	**어묵**		
육포	15	3큰술	튀긴 것	30	중 1장
			찐 것	50	(6×8.5cm)
생선류					
가자미	50	소 1토막	**젓갈류**		
광어	50	소 1토막	명란젓	40	
대구	50	소 1토막	창란젓	40	
동태	50	소 1토막			
병어	50	소 1토막	**기타 해산물**		
복어	50	소 1토막	물오징어	50	
연어	50	소 1토막	새우(중하)	50	3 마리
적어	50	소 1토막	새우(깐새우)	50	¼ 컵
조기	50	소 1토막	꽃게	70	소 1마리
참도미	50	소 1토막	굴	70	⅓ 컵
참치	50	소 1토막	낙지	100	½ 컵
홍어	50	소 1토막	멍게	70	⅓ 컵
			미더덕	100	¾ 컵
			문어	70	⅓ 컵
			전복	70	소 2개
			조갯살	70	⅓ 컵
			해삼	200	1⅓ 컵
			홍합	70	⅓ 컵

3-2. 중지방 어·육류군의 식품과 목측량 및 교환량

단백질 : 8g / 지방 :5g / 열량 : 75kcal

식품명	무게(g)	목측량	식품명	무게(g)	목측량
고기류			**생선류**		
돼지고기(안심)	40	로스용 1장 1쪽 (6cm×6cm× 0.8cm)	고등어	50	소 1토막
쇠고기(등심, 안심)	40		꽁치	50	소 1토막
소곱창	40		도루묵	50	소 1토막
햄(로스)	40		민어	50	소 1토막
			삼치	50	소 1토막
알류			임연수어	50	소 1토막
달걀		중 1개	장어	50	소 1토막
메추리알		5개	전갱이	50	소 1토막
			준치	50	소 1토막
콩류 및 가공품			청어	50	소 1토막
검정콩		2 큰술	갈치	50	소 1토막
두부		1/6 모			
순두부		1 컵			
연두부		½ 개			

3-3. 고지방 어·육류군의 식품과 목측량 및 교환량

단백질 : 8g / 지방 :8g / 열량 : 100kcal

식품명	무게(g)	목측량	식품명	무게(g)	목측량
고기류 및 가공품			**생선류 / 가공품**		
닭고기(껍질포함)	40		참치통조림	50	⅓ 컵
돼지족, 돼지머리	40		고등어통조림	50	⅓ 컵
삼겹살			꽁치통조림	50	⅓ 컵
소갈비	30	소 1토막	뱀장어	50	소 1토막
소꼬리	40				
우설	40		치즈	30	1.5 컵
런천미트	40	5.5cm×4cm× 1.8cm	유부	30	유부 6장
프랑크소시지	40	1⅓ 컵			

4. 채소군에 속하는 식품과 목측량 및 교환량

단백질 : 3g / 지방 :2g / 열량 : 20kcal

식품명	무게(g)	목측량	식품명	무게(g)	목측량
가지	70	지름 3cm, 길이 10cm	쑥갓	70	익혀서 ⅓ 컵
깻잎	20	20장	시금치	70	익혀서 ⅓ 컵
고구마순	70	익혀서 ⅓ 컵	아욱	50	잎넓이 20cm 5장(익혀서 ⅓ 컵)
고비(삶은것)	70		야채쥬스	200	1 컵
고사리(삶은것)	70	⅓ 컵	양배추	70	익혀서 ⅓ 컵
고춧잎(생)	25	½ 컵	양상추	70	
근대	70	익혀서 ⅓ 컵	양파	50	중 ½
냉이	50		연근	50	
단무지	70		열무	70	
달래	70		오이	70	
당근	70	지름 4cm, 길이 5cm	우엉	25	
더덕	25	중 2개	죽순	70	
도라지(생)	50	½ 컵	취(생)	70	
두릅	50		치커리	70	
마늘쫑	25		컬리플라워	70	잎넓이 20cm 5장(익혀서 ⅓ 컵)
머위	70		케일	70	
무	70	익혀서 ⅓ 컵	콩나물	70	
무말랭이	10	불려서 ⅓컵	풋고추	70	중 7~8개
무청	50		풋마늘	50	
미나리	70	익혀서 ⅓ 컵	피망	70	중 2개
버섯	70				
느타리버섯	50		**호박류**		
생표고버섯	70		호박	70	
싸리버섯	50		단호박	40	지름 6.5cm, 길이 2.5cm
양송이버섯	70				
부추	70	익혀서 ⅓ 컵	**김치류**		
브로콜리	70		깍두기	50	
상추	70		포기김치	70	
셀러리	70	6cm 길이 6개	**해조류**		
숙주	70	익혀서 ⅓ 컵	김	2	
쑥	50		물미역	70	

5. 지방군 식품과 목측량 및 교환량

지방 : 5g / 열량 : 45kcal

식품명	무게(g)	목측량	식품명	무게(g)	목측량
들기름	5	1 작은술	땅콩 버터	7	
미강유	5	1 작은술	마요네즈	7	1.5 작은술
옥수수기름	5	1 작은술	베이컨	7	1 조각
유채기름	5	1 작은술	땅콩	10	10개(1 큰술)
콩기름	5	1 작은술	아몬드	8	7개
참기름	5	1 작은술	잣	8	1 큰술
카놀라유	5	1 작은술	참깨	8	1 큰술
라드	5	1.5 작은술	피스타치오	8	10개
마가린	6	1.5 작은술	해바라기씨	8	1 큰술
버터	6	1.5 작은술	호두	8	대 1개 또는 중간 것 1.5개
쇼트닝	5	1.5 작은술			

6. 우유군 식품과 목측량 및 교환량

당질 : 11g / 단백질 : 6g / 지방 :6g / 열량 : 125kcal

식품명	무게(g)	목측량	식품명	무게(g)	목측량
우유	200	1 컵(1팩)	무당연유	100	½ 컵
락토우유	200	1 컵(1팩)	전지분유	25	5 큰술
저지방우유	200	1 컵(1팩)	조제분유	25	5 큰술
탈지우유	200	1 컵(1팩)	탈지분유	25	5 큰술
두유(무가당)	200	1 컵(1팩)			

🔘 식품 중량표 육류 및 어패류

단위 : g

식품명	1마리(중간크기)	식품명	1마리(중간크기)	식품명	1마리(중간크기)	식품명	1마리(중간크기)
닭	1,200	북어포	70	달걀	55	낙지	200
민어	600	꽃게	300	도미	500	전복	200

🔘 식품 중량표 과실류

단위 : g

식품명	1개(중간크기)	식품명	1개(중간크기)	식품명	1개(중간크기)	식품명	1개(중간크기)
사과	250	호두	6	배	600	대추	4
곶감	40	은행	2	밤	15	오미자	100(1컵)

7. 과일군 식품과 목측량 및 교환량

당질 : 12g / 열량 : 50kcal

식품명	무게(g)	목측량	식품명	무게(g)	목측량
감			사과(후지)	100	중 ⅓개
단감	80	중 ½개	수박	250	대 1쪽
연시	80	소 1개	자두	80	대 1개
감귤류			사과주스	100	½ 컵
귤	100	중 1개	오렌지주스(무가당)	100	½ 컵
금귤	60	7개	파인애플주스	100	½ 컵
오렌지	100	대 ½개	토마토주스	200	1컵
자몽	150	중 ½개	참외	120	소 ½ 개
말린대추	20	8개	키위	100	대 1개
딸기	150	10개	토마토	250	대 1개
메론(머스크)	120		체리토마토	250	중 20개
바나나	60	중 ½개	파인애플	100	
배	100	중 ¼개	포도	100	19개
황도	150	중 ½개	거봉	100	11개

🍲 식품 중량표 조미료

단위 : mL 또는 g

식품명	1 작은술	1 큰술	1컵	식품명	1 작은술	1 큰술
물	5	15	200	청주	5	15
굵은소금	4.5	14	160	굵은 고춧가루	2.2	7
고운 소금	4	12		고은 고춧가루	2.2	7
청장(국간장)	6	18	240	통후추	3	10
간장(진간장)	6	18	240	후춧가루	2.5	8
된장	5	17		겨잣가루	2	6
고추장	6	19		잣	3.5	10
참기름	4	13		잣가루	2	5
들기름	5	15		녹말가루	2.5	8
통깨	2	7	93	다진 파	4.5	14
깨소금	2	6		다진 마늘	5.5	16
식용유	4	13	170	생강즙	5.5	16
설탕	4	12	160	다진 생강	4	12
황설탕	4	12	150	양파즙	5	15
꿀	6	19	300	새우젓	5	15
물엿		19	288	멸치액젓	5	15
식초	5	15	200			

2주일 식단표

	월	화	수	목	금
점심	데리야끼 삼치구이 조밥 아욱새우된장국 건파래부추볶음 도라지볶음 양배추물김치	바비큐폭찹 흑미쌀밥 북어콩나물국 달걀말이 치커리 사과 무침 배추김치	새우칠리소스 현미쌀밥 두부 들깨탕 건파래 영양부추 무침 닭안심 레몬소스 백김치	육개장 검은콩밥 단호박 전 명태 메추리알 조림 무말랭이 장아찌 깍두기	생선커틀릿 브로콜리죽 채소샐러드 & 오렌지드레싱 모듬피클 우유
간식	유부초밥	궁중떡볶이	고구마견과류경단	단호박 크레페	떡꼬치구이

	월	화	수	목	금
점심	닭강정 고구마밥 삼색경단미역국 취나물무침 아삭아삭감자채볶음 배추김치	유산슬덮밥 미소된장국 새우고구마볶음 오이노각무침 나박김치 요구르트	바싹 불고기 완두콩밥 콩가루 배춧국 북어강정 고구마줄기 볶음 배추김치	오므라이스 소고기버섯국 쑥갓두부무침 돼지고기장조림 동치미 계절과일	토마토스파게티 감자양파스프 케이준샐러드 연근 유자 피클 두유
간식	약식	사과마멀레이드	잣국수	바나나 춘권 튀김	치즈롤샌드위치

[식단 작성시 유의 사항]

❶ 영양(육류, 어류, 란류, 채소류 등)이 골고루 들어가고 중복이 되지 않도록 작성한다.

❷ 동질의 질감 ,색상, 부피와 맛을 고려하여 작성한다.

❸ 조리 시 조리 시간과 온도를 고려하여 작성한다.

❹ 식단의 단가를 고려하여 작성한다.

❺ 기호도를 고려하여 작성한다.

❻ 계절식품을 이용한다.

❼ 절임류나 건채소를 적절히 이용한다.

🍴 색인

🍴 1일 식단표(kcal 산출)

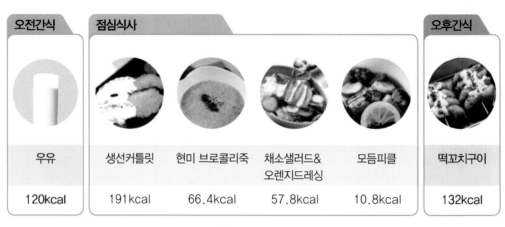

오전간식	점심식사				오후간식
우유	생선커틀릿	현미 브로콜리죽	채소샐러드&오렌지드레싱	모듬피클	떡꼬치구이
120kcal	191kcal	66.4kcal	57.8kcal	10.8kcal	132kcal

총 578kcal

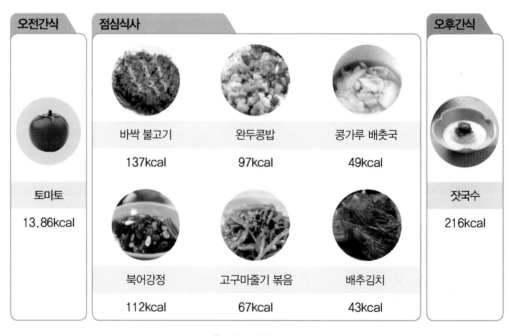

오전간식	점심식사			오후간식
토마토	바싹 불고기	완두콩밥	콩가루 배춧국	잣국수
13.86kcal	137kcal	97kcal	49kcal	216kcal
	북어강정	고구마줄기 볶음	배추김치	
	112kcal	67kcal	43kcal	

총 734.86kcal

참고문헌

「아름다운 한국음식 100선」 한림출판사 2007 | 「개정판 단체급식」 (주)교문사 2008.9 | 「천연조미료 건강메뉴」 서울특별시

「조선왕조 궁중음식」 (사)궁중음식 연구원 2007

천연 조미료와 저염식으로 만드는
스마트 어린이 식단

발 행 일	2025년 1월 5일 개정3판 1쇄 인쇄
	2025년 1월 10일 개정3판 1쇄 발행
저 자	임인숙 · 이우숙 · 이희정 공저
발 행 처	도서출판 IMK 크라운출판사 http://www.crownbook.com 공급처
발 행 인	李尙原
신고번호	제 300-2007-143호
주 소	서울시 종로구 율곡로13길 21
공 급 처	(02) 765-4787, 1566-5937
전 화	(02) 745-0311~3
팩 스	(02) 743-2688, 02) 741-3231
홈페이지	www.crownbook.co.kr
I S B N	978-89-406-4905-3 / 13590

특별판매정가 16,000원